刘仁庆 著

中国手工纸的传统技艺

知识产权出版社
全国百佳图书出版单位

图书在版编目（CIP）数据

中国手工纸的传统技艺 / 刘仁庆著. — 北京：知识产权出版社，2019.1

ISBN 978-7-5130-5863-6

Ⅰ.①中… Ⅱ.①刘… Ⅲ.①手工纸—造纸—技术 Ⅳ.①TS766

中国版本图书馆CIP数据核字（2018）第219046号

内容提要

本书全书共有12章，就中国手工纸的传统技艺，按其生产过程进行详尽地记录与描绘，全面地介绍中国传统手工纸的定义、生产、原料、纸药、制法和手抄加工，以及一整套生产工序（包括浸泡、灰腌、蒸煮、洗涤、漂白、打浆、抄纸、压榨、干燥、整纸）等，并收集了大量的图版，以使读者获得直观的清晰印象。本书是集中国手工纸技艺研究大成之作，无论其学术理论价值还是实践指导意义都是极其巨大的。

责任编辑: 龙 文	**责任校对:** 王 岩
装帧设计: 品 序	**责任印制:** 刘译文

中国手工纸 的传统技艺

刘仁庆 著

出版发行: 知识产权出版社 有限责任公司	网　址: http://www.ipph.cn
社　址: 北京市海淀区气象路50号院	邮　编: 100081
责编电话: 010-82000860 转 8123	责编邮箱: longwen@cnipr.com
发行电话: 010-82000860 转 8101/8102	发行传真: 010-82000893/82005070/82000270
印　刷: 北京嘉恒彩色印刷有限责任公司	经　销: 各大网上书店、新华书店及相关销售网点
开　本: 720mm×1000mm 1/16	印　张: 18
版　次: 2019年1月第1版	印　次: 2019年1月第1次印刷
字　数: 300千字	定　价: 99.00元

ISBN 978-7-5130-5863-6

前　言

　　造纸术是我国古代科技的"四大发明"之一。中国纸（手工纸、古纸）的历史悠久，源远流长，从古到今，延绵千载，它创造、保存和传播了光辉灿烂的华夏文化。纸的发明，是中华民族对世界文化所作的一项重大贡献，对于人类社会文明的发展有着积极的、不可磨灭的推动作用。

　　传统手工纸，主要是靠人工用手艺抄造出来的，它与现在的机制纸是大不一样的。这跟各地域的民族、历史、文化背景有关。我们常说机制纸是消费品，手工纸是工艺品。因此，必须认清手工纸的目标和服务对象，它不要求量多，要求质高、新颖、奇趣、品种多，有针对性；手工纸要和工艺美术、商业艺术等广阔的文化艺术领域结合起来，提高文化品格真正实现手工纸的传承和发展。

　　在此需要对手工纸的制作技艺与机制的生产技术做一个简要的说明：所谓技艺，就是将制作某一产品长期形成的、所用的实践经验之总结，它是一种手艺，一种技巧，一种本领，诚如先秦典籍《书·秦势》中所云："人之有技，若已有之。"技艺的获得需要经历言传、身教和心悟等三个阶段的长久磨炼，不能很快奏效。所谓技术，就是进行生产使用的设备和方法，或简称工艺。技术还可以衍生出一系列的名词，如技术改造、技术咨询等。因此，技艺与技术两者不易等量齐观。

　　20世纪50年代和60年代中期前后（"文化大革命"十年，跳过不说了），由于受到极端思潮的影响，已经造成不少人对中国传统文化（包括手工纸）产生了极端糊涂的认识，误以为它们全都是落后的、封建的糟粕，从而使我国这一部分文化遗产逐渐被人轻视、淡化，甚至有行将灭亡的危险。比如，许多国人在今天对中国手工纸知之甚少，甚至一无所知。有的人很少拿毛笔写字，写的汉字歪七扭八，既不雅观，也不得体。然而，自改革开放以来，我们的国家在各方面都发生了巨大的变化，取得了很大的进步，全国人民一心一意奔小康，为实现中国梦，建立社会主义的和谐的文明社会。中国的一些非物质文化遗产，越来越引起世界各国的关注，并受到联合国有关组织的重视和推崇。目前，在我国已批准和将申报世界非物质文化遗产，或应属国家级非物质文化遗产的地区或单位有：（1）安徽泾县的宣纸制作技艺；（2）江西省铅山县的铅山连四（史）纸制作技艺；（3）贵州省贵阳市、贞丰县、丹寨县的（构）皮纸制作技艺；（4）云南省临沧市、香格里拉县的傣族、纳西族手工造纸技艺；（5）西藏自治区的藏族造纸技艺；（6）新疆维吾尔自治区吐鲁番市的维吾尔族桑皮纸制作技艺；（7）四川省夹江县、浙江省富阳市的竹纸制作技艺等。实际上这些还远远不够，需要抢救和推举的地区还可能有更多。

传统的中国手工纸具有鲜明的民族特色和地方特色：一是她的品种、规格和花色相当多，从古到今，林林总总，琳琅满目；二是手工纸的文化内涵丰富，它不单是日常学习和生活用品，而且可以作为艺术品、文物出售（机制纸一般只是商品）；三是中国手工纸中有的纸品艺术价值高，仅举两例说明：例一：2003年9月北京翰海公司拍卖的一盒（49张）清代"金绘龙纹宫纸"，尺寸为56.5cm×56.5cm，成交价是人民币26万元（5306元/张）。例二：2006年6月中国嘉德公司四季拍卖会上，以10张清代丈二匹宣纸，卖出了3.63万元的价钱（3630元/张）。如此高的价码，是机制纸望尘莫及的。进入21世纪以来，泾县宣纸价格连年上涨，出现了一纸千金又一纸难求的局面，而且有越来越强的趋势。

最近这些年来，随着我国兴起了一阵又一阵的收藏热，其中对古代书画和典籍的兴趣与日俱增，人们对绘画、书法的热情日渐高涨，中国手工纸已经引起各方人士的关心和重视。可是，市面上发行的有关手工纸的书籍，极为少见。据了解，社会上不少人（包括一些搞现代造纸的人）对中国纸的生产、性能和应用等知之甚少。这便使人联想起《左传·昭十五年》中的那句话，咱们会不会也有点"数典忘祖"呵。

笔者从事中国手工纸的学习与研究长达50余年，收集有大量的各种手工纸，在国内外刊物上也发表过一些手工纸的论文和文章。现在，力图以简洁的文字、丰富的图形来说明我国手工纸的传统技艺，比如手工纸的原料、纸药、制造、加工和质量标准等，作为历史资料把它们保存下来。同时，也把中国传统手工纸的基本常识向社会作一简要的介绍。以利于增进广大社会读者，特别是青年们对手工纸和古纸的了解。临末，我还要重弹"老调"：鉴于鄙人的学术和知识水平有限，书中的缺点、错误所在多有，欢迎大家批评、教正。

刘仁庆

2008年2月9日　初稿

2010年6月30日　改稿

2013年12月30日　定稿

于北京花园村

目　录

第11章 手工纸的整理

第12章 手抄加工纸

第1章
传统手工纸

1.1　纸的定义

什么是纸？这似乎是一个很简单的问题。但是，如果真要"叫劲"起来，也不是很容易回答清楚的。现有种种说法，请看："用以书写、印刷、绘画或包装等的片状纤维制品。一般由经过制浆处理的植物纤维的水悬浮液，在网上交错组合，初步脱水，再经压榨、干燥而成。"（《辞海》缩印本，上海辞书出版社，1979年，第1156页）再看："从悬浮液中将植物纤维、矿物纤维、动物纤维、化学纤维的混合物沉积到适当的（专门）成形设备上，经过干燥制成的平整、均匀的薄页（片状物）"（中华人民共和国国家标准GB4867—84）。又看："以植物纤维或其他纤维交织、络合、固着而制成之片状物。广义地说还包括以高分子原料制成之合成纸"（《造纸印刷名辞辞典》，台湾区造纸同业公会，1999年，第257页）。上述三个意见到底何者为妥？让学者们去讨论吧。

依笔者的看法，根据造纸技术的发展，在不同的历史阶段，纸是具有不同的含义，并不是一成不变的。按传统的说法，依据本书所讨论的范围和内容，所谓纸，就是：以植物纤维为主要原料，按照传统方法经过（专门）加工处理所抄成的平滑的薄页，具有文化（书写）、生活（包装）等多种用途的产品。

从广义上讲，我们常用"纸"字来包含纸张和纸板两个概念。有时也把纸张简称为纸。如果不特别注明，现在所说的纸均指机制纸（从前曾称"洋纸"）。而把过去人们说的"土纸"，则应写明指的是手工纸。

机制纸，按照国际标准化组织（ISO，International organization

for Standarzation，成立于1947年，它为许多工业部门制订产品的国际标准，造纸属于第6技术委员会分管），原则上把定量小于225克/平方米的纸页叫作纸张；定量大于225克/平方米的叫作纸板。只有极少数例外者。我国有关部门也批准使用这个标准。这个规定是人为制订的，大家认可，"约定俗成"，很难说出科学上的依据。所谓定量（Basis Weight），是造纸行业中的一个专门名词，又是区分各类纸种的基本标尺之一，使用频率很高。它的含义是：每平方米面积纸的相应重量（克数），其中包括纤维（主要部分）、水分、添加物（微量部分）等，单位以g/m^2表示，或略化为gsm。在国内商业上常简称克重（单位简化为g），我国台湾地区称为基重。而手工纸则以单页的厚薄或分层来表示，没有严格的量化数字。

随着社会经济和科技事业的不断发展，在进入现代化之后，纸的用途早已超出了从前的仅在文化、生活方面，而深入到工农业、交通、国防、科研等各个领域，并能生产各具性能的纸张、纸板，供给使用。为了满足多种多样的不同要求，单用植物纤维所起的作用显然不够了，于是非植物纤维（如合成纤维、无机纤维、金属纤维）便参加到造纸行列中。这样一来，使纸的概念发生了深刻的变化，出现所谓的"第一代纸""第二代纸""第三代纸"的新说法。

从造纸技术发展史的角度来看，如果把最早的以植物纤维为主体抄成的纸，包括手工纸和机制纸叫做第一代纸的话。那么，不用植物纤维，而用高分子合成树脂（如聚丙烯、聚乙烯等）为基材制成的"合成纸"，叫做第二代纸。严格地说，合成纸只可视作类似纸状化的薄膜。但是，由于它完全具有与普通纸一样的印刷特性。因此，从实际使用价值上讲，不应该把合成纸排斥到"纸的范围"之外。同理，玻璃纸、湿法无纺布也可以被认为是纸的另一个品种。而20世纪中叶以后出现的所谓功能纸，它是采用某些特殊原料、抄出具有某些特殊性能（如光电磁性、生物活性、生理机能）的新纸种，有人把它们叫做第三代纸。

由此可见，纸应该是一个具有相对性的概念，不是一成不变的。我们不能囿于传统观念，对新事物一概视而不见。因此，它将遵循科学技术的发展轨道前进，既可以从发展时间上划分，又可以从制造技术上区别，同时还可以从应用领域上归类，在不同的历史阶段具有不同的含义，这就是纸的现代概念。

以上所说的机制纸不属于本书的讨论范围，一律从略。现在我们所关注的是第一代纸中的一部分，即被多年遗忘、几近溃灭、以植物纤维为主体抄造而成的手工纸，阐述它的来由、演变和发展的全过程，旨在使读者得窥全貌。

1.1.1　手工纸

所谓手工纸（handmade paper），就是指采取中国历史上的传统造纸方法，以人工使用纸帘（竹帘）把纸槽中的纤维悬浮液捞起，经过滤水、压榨、干燥而成的单张纸。人们把这种用中国造纸术制得的纸叫做手工纸，例如宣纸、毛边纸、连史纸等都属于手工纸类，从前也把它称为"中国纸"或"土纸"。这种纸的幅面大小是直接受到抄纸用的纸帘（竹帘）的尺寸所限制的。如果不是采用这种方式生产的，则不能够称为手工纸。

如前所述，纸分为两大类，一是手工纸（迄今有2000年的历史）；二是机制纸（迄今只有200年的历史）。所谓机制纸（machinemade paper），就是在18世纪末，欧洲发明了造纸机之后，即采用机器生产而得到的纸张。为了区别由这两种不同的方法所得到的纸，并把它的区分开来，便有了手工纸、机制纸两个不同的概念。

不过，从古到今，世界各地绝大多数所生产的纸，不论是手工纸、还是机制纸都是采用传统的"湿法造纸"。所谓湿法造纸，即以水为介质，先把植物纤维分散在水中，然后使其在网上交织，再滤去大量的水，而形成湿纸页，再经干燥而制成纸张。因此，从造纸工艺的基本原理上说，手工纸与机制纸是一脉相承的。而且手工纸在前，机制纸在后。

从历史和应用的角度来看，古代纸的加工过程与现代纸的生产方法毕竟是有一些不同的。因此，有必要把古纸与现代纸，手工纸与机制纸，彼此区分开来。应当指出的是，手工纸和机制纸在性能上的主要差别有：手工纸一般呈碱性，纸面柔和，宜于使用软笔（毛笔）书写，吸水性较大，纸的强度较小、质地较软而轻；然而，机制纸一般呈酸性，纸面挺硬，宜于使用硬笔（鹅毛管笔、钢笔）书写，吸水性较小，纸的强度较大，质地较硬而重。

由此可知，只有手工纸才能符合毛笔使用的基本要求，而机制纸是有困难的。手工纸与机制纸的制造工艺原理相同。不过，手工纸多是依靠人力、技艺来完成；而机制纸则是有赖于机械、动力（在现代再加上电脑、自控等）。现在，全球机制纸的产量（占99.9%）大大超过了手工纸（仅占0.1%）。但是，作为富有历史文化特色的手工纸，仍然具有保留和发展的价值，成为一些国家和民族的精神财富和物质财富。

1.1.2　古纸

所谓古纸（ancient paper），就是古代手工纸的泛称，尤其是其中那些具有史料意义和文化值价的纸，这样就有了代表性和典型性。古纸的来源有两个：一个是古籍记载，何时何地出产的纸、它们是干什么用的；另一个是纸样实物，包括出土清理的和传世收藏的。但是，对古书上记下的纸名，不知是什么模样？对古时某一年代的纸张，又不知叫什么名称？因此，往往会引起意见相左的看法。在讨论这类问题的时候，希望首先应以心平气和的商榷态度；其次在考古实践与文献记载发生矛盾时，应该利用考古事实去修正文献；最后还要有宽容和耐心，时光会做出公正的结论的。在古纸研究中，常用的方法是采取现代最先进的化验设备和技术，去分析古纸中的各种成分，或者模拟仿制古纸，然后进行再比较，以便得出相应的合理的结论。

就我国的范围内而言，要认识古纸、研究古纸，最好先把中国通史等书反复地读几遍。找机会去接触一下汉晋隋唐、宋元明清等各个朝代留存下来的古纸实物，这样才有一个初步的感性认识和印象。考察古纸，主要是参观当地的博物馆、文化馆、纪念馆、寺庙等。如能见到更多的写经纸、画卷、契约、文集、信函、字帖、账册等，则会大开眼界。

由于一般见到的古纸，绝大多数是文化载体。其上或有字迹，或有图画，或有印章。纸的表面品质和加工状况，对于历代纸文物的鉴别、修缮和保存，很有参考作用，尤其值得注意。古纸与古代印刷、包装的关系也相当密切。在这一方面不单是造纸、印刷、包装业份内的事，还要考虑到考古、文物、艺术以及其他部门和人士的看法。所以说，希望要避免门户之见、急功近利，以宽容、和善、潇洒的态度去对待不同的意见是十分必要的。

1.1.3　纸的功能

纸到底具有什么样的社会功能，是很值得深入一步地加以思考和研讨的。从历史文化上讲，纸几乎与人类社会的一切活动都有密切的关系[1]（见图1-1）。它包括历史、科技、环境、生活、艺术、宗教等。伴随着造纸技术的发明、发达和进步，所取得的成绩、效益及贡献也与日俱增、意义更大。

如果说世界上没有纸，或者说假设有一天"造纸"完全消失，连一片纸也没有了，那么，人们将会遭遇到什么样的情景呢？举个小例，早上入厕，出恭之后，突然找不见手纸了。呼天不应，

1根据陈大川，《台湾纸业发展史》[M]，台湾区造纸工业同业公会印制出版，pⅧ修
　改绘制。特此致谢。

叫地不灵，纸都去哪儿了？真是难堪之极，尴尬万分。因此，由小看大，没有纸的社会，人类将缺少文明，没有秩序，没有法律，也没有进步。

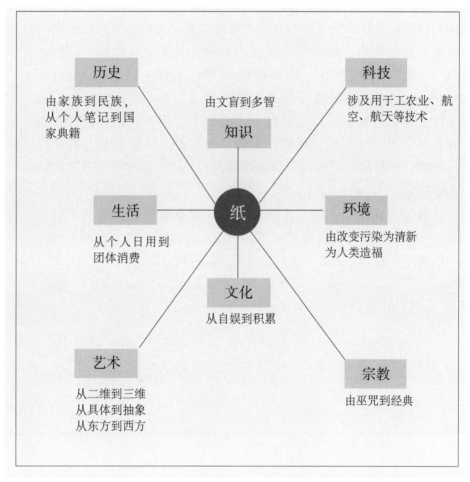

图1-1 纸的功能

纸的确是一件很平常的"东西"，但它最贴近我们的生活跟生产，真可谓息息相关，十分密切。它是人类目前最方便、最廉价、最低碳，也是最有乐趣的"伙伴"。纸的社会功能，主要表现在对人的知识的抚育、教化和文化的启蒙、积淀。具体地讲有六个方面：第一，历史。纸是记录和传承史籍的主要载体之一。古今中外的历史书籍绝大多数是用纸书写、印刷的。白纸黑字，斧头也砍不掉。而口传无凭，不足为据。第二，科技。世界上发明的汽车、飞机、火箭、导弹，哪一个没有图纸就可以顺利完成？第三，环境。物质的循环使用，既能节约资源、能源，又是生态最大的"保护神"。纸的使用与回用，功不可没。第四，生活。谁人胆敢夸口：从我出生起根本不需要与纸打交道？第五，艺术。纸与书画，纸与作曲，纸与戏剧，纸与动漫，纸与魔术，等等，花样百出，不胜枚举。第六，宗教。佛教、道教、基督教、伊斯兰教，信徒们的经书、纸祭品、祈祷词、赞美诗都离不开纸。这些勿需多言，众人皆知。

因此，我们多了解一点纸的知识，就会懂得一点社会文明，知道一点纸的文化，就有可能提高一点综合素质，这个道理不就是"小葱拌豆腐"，一清（楚）二（明）白了吗？

1.2 我国的古纸

1.2.1 品名

我国古纸的品种及其规格、花色相当多，其品名五花八门，归纳起来至少有7大类：（1）以地域得名的有蜀（四川成都）纸、池（安徽池州）纸、宣（安徽宣城泾县）纸等；（2）以原料得名的有麻纸、（树）皮纸、藤纸、草纸、竹纸等；（3）以人物得名的有蔡侯纸、左伯纸、薛涛笺、谢公笺等；（4）以用途得名的有窗户纸、鞭炮纸、雨伞纸、账册纸、"大手纸"（又名茅坑纸）等；（5）以加工得名的有大红（红梅）纸、（涂）蜡纸、玉版宣、虎皮宣等；（6）以尺寸得名的有匹纸、四尺单、屏八尺等；（7）以颜色得名的有黄麻纸、黄表纸、色笺纸（即笺纸）等。

以上只是粗线条的划分，如果细化下去，则纸的品种会更多。仅以竹纸为例，其中有毛边纸、毛泰纸、毛六纸、连史（四）纸、海月纸、元书纸、白关纸、玉扣纸、表芯纸、贡川纸等，以上所有纸种的原料都是竹子。

顺便说一下，若按纸的厚薄来划分，其中的宣纸又分为单宣、夹宣、双层贡、三层贡等。单宣也就是普通生宣，其纸较薄；夹宣是利用在纸槽中两次"荡帘"的手法所得到的比单宣稍厚一些的纸；双层贡又叫二层贡，它是在纸帖上挑出二张湿纸合起来干燥而成的。同理，三层贡就是挑出湿纸三张，"三合一"地干燥而成的。这后两种宣纸都可以揭开分成两张或三张。所以，过去有的作伪者就把名家书画作品（如用二层贡绘制的）分揭开来，"一分为二"充当名画出售，攫取暴利。

1.2.2 种类

我国古代传统手工纸的产品，究竟有多少种？未曾全面系统地调查过。因为手工纸的名称，各地土语、叫法不一样。再加上规格和花色等不相同，所以成为统计学上一个十分棘手的问题。古纸现在无法统计，暂不讨论。手工纸的种类，仅以笔者收集到的资料，20世纪50年代，各省、市、自治区大体上是有一个统计数据的。后来因体制上改变，主管部门撤销，一切等于零，也就没有人去管理了。例如，1956年浙江省的传统手工纸，共计有168种；1958年福建省则有171种，等等。那时候，商业贸易和土特产部门估计，手工纸有200种左右。现在分析起来，一是手工纸的纸种会日益减少；二是剩下还有多少种纸是个未知数。有人估计，目前我国的手工纸不会超过150种（这里指的是大纸种，从统计学上看，同一种纸若有多个异名者，只能计成一个纸种。小纸种另当别论）。为什么呢？其一，我国近代史上（20世纪30年代）手工纸最高的纸种数是200多种；其二，虽然手工纸的发展曲折起落，产量趋减，品种不会增加太多；其三，由于资源、资金等原因，有的品种失传或停产了；其四，各地的纸名、品种交叉、重叠，甚至此省的产品到了彼省换了名字，这不能算新品种；其五，划分纸种的标准尺度各地不一，容易引起"误分"，产生错误的结果。

在这方面，机制纸的品种就比手工纸容易获得解决，因为颁布了统一的国家标准（代号GB）之后，纸的质量指标等均有规定。所以，不论是山东、陕西，还是湖南、河北，都有全面一致的要求。手工纸却不然，大多数是"各唱各的调，谁也管不着"，这是历史原因造成的。如果把手工纸按用途来划分，可以分为4大类。

（1）文化用纸，主要是用于书画、印刷方面，这一部分的用纸量比较大，此类纸约占全国手工纸总产量（以下皆同）的20%，并且多集中在城镇，农村用量则比较少，这是我国经济和文化发展的不平衡性造成的。中国的文字是方块字，使用的是软笔，对这一类纸的消费，自古以来连绵不断，发展的空间仍然保持着。尤其是像宣纸、高丽纸、元书纸、毛边纸等，社会上的要求比较多。在保证资源供应和环境清洁的前提下，有限度地进行发展应当加以支持、鼓励。

（2）卫生用纸，20世代50年代以前，在我国此类"手纸"主要是供广大乡镇以下的农户上厕所之用。它是手工纸中产量最高、销量最多的品种。此类纸约占总产量的50%，自20世纪90年代以降，随着农业经济的飞跃发展，农民的收入大幅提高，农村生活面貌也发生了变化，机制卫生纸取代了"手纸"（或称"草纸""土纸"），大量地涌入农家。于是，这类纸的生产和销售受到了严重的冲击，许多产地干脆停止生产。只有少量偏远和穷困山区仍然在使用，其他地方则已不见踪影。这是一个好现象，从卫生标准来看，"手工卫生纸"应该让它"退休"好了。

（3）生产用纸，此类纸约占总产量的15%，主要是供给包装、制鞭炮、糊纸伞、扎风筝、做纸扇等用。现在它们的生产与使用，已经不多。古时候，它是以能防潮的"茶衫纸"为名，用来包装高级茶叶的为上等纸。而如今的机制的防潮纸和茶叶袋纸比它好很多。我国湖南浏阳生产的粗料纸，是制作鞭炮（又称礼花、花炮）的主要材料之一。鞭炮的外层（壳）就是由4层粗料纸黏合而成的，再加上不同比例配制的火药，燃放瞬间就有可能展现"声、色、飞"的现象，产生热闹、喜庆的效果。因为粗料纸的结构疏松，一旦引火炸开，碎纸四处飞扬，散布范围大。而如果使用机制纸，由于其紧度大，炸开时碎纸有限；而且在配火药时需要多加一些氯酸钾的用量，以增强花炮的爆放力。由此，容易使鞭炮在运输、贮存过程中发生火灾，存在不安全的隐患。同时，粗料纸的单价比较便宜，也相应地降低了制造鞭炮的成本。相比之下，制鞭炮还是以使用手工纸更合理、划算。当然，一些大城市在节日里禁放鞭炮，缩小了市场上对鞭炮的需求。不过，放鞭炮是中华民族的传统的喜庆习俗之一，还是应该受到必要的尊重，不宜轻率地把它"取消"了。

用油纸扎制的纸伞，在我国手工艺品的历史上，曾经红极一时。后来，几乎被布伞、尼龙伞全部取代了。纸伞，作为工艺美术品之一，尤其是福建的"福州纸伞"，久负盛名。20世纪初期，在美国芝加哥，以及加拿大温哥华等地举办的万国博览会上，多次获奖。纸伞轻巧，可以挡雨遮阳，可以做演出道具，还可以在旅游景点美化场地，等等。

风筝，在我国的古名是纸鸢（yuan，音冤），其历史悠久。每年初春是放风筝的好季节。据《事物纪原》的记载，风筝之名的由来是因为纸鸢上系有竹哨，升空时风吹其中，发声如筝鸣，故授名"风筝"。此名从古一直沿用至今，老幼皆知。

纸折扇分两大类，一类是白扇，扇面可题字画画，自明代起就被当作书画珍品之一而被人收藏；另一类是黑扇，用树皮纸作扇面，染黑漆，要求水煮、日晒50小时，依然纸不破、色不褪、形不变。

以上这些中国传统的手工艺品，都离不开手工纸。因此，适当地保留它的生产还是十分必要的。这些民族文化的珍品，在社会意义和旅游方面都具有一定的价值，没有理由把它们完全地抛弃掉。

（4）民俗用纸（曾被称为祭祀用纸，或迷信用纸），此类纸原占总产量的15%，其中消耗量最多的是黄裱纸（后被简化成黄表纸）——有的地方叫它表黄纸。黄裱纸应具有如下性能：外观呈黄色，匀薄轻软；在供像或牌位前点燃以后，烧时呈现卷曲形，并且以块状向下飘落。否则，就是"老大不恭"。黄裱纸经常向信仰佛教的东南亚、日本等国出口；而国内的消费量较少，主要供寺庙和旅游地。这类民俗纸的名目甚多，还有诸如纸钱、金银锭、寿衣纸等，在一定的条件下，生产一些祭祀用纸是在国情允许的范围内可行的。

1.2.3 分布

我国手工纸的生产，其分布地域甚广。如果按具体产地来划分的话，主要有以下10个地区。

（1）安徽省纸产区：以泾县地区为中心，包括黄山、宣城、芜湖等。泾县周边生产手工纸中的极品——宣纸。因古时这个产纸的地方隶属"宣州府"管辖，故冠以地名之称谓，即宣州府出产的贡纸，简称"宣纸"。追溯唐代宣纸的起源，一曰丰富资源，二曰地理环境，三曰人才辈出，即是"天造、地利、人高"也。起初，在皖南的林木中生长有一种青檀树（人们曾误把它与楮树、桑树混为一谈），用来制造出一种"良纸"，于是便取名为（树）皮纸。后来，经过长期实践、细心琢磨，一直到了明代有人才明白：虽然青檀与楮树、桑树在外观上差不多，却是另一个树种。在明代科学家徐光启（1562—1633）写的《农政全书》上才有这一内容的记载（见图1-2）。

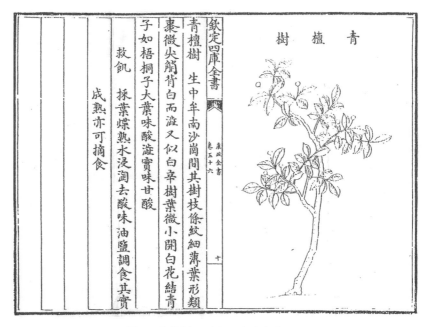

图1-2 青檀树（引自《农政全书》）

然而，青檀树的科学定名，则是在19世纪中期以后的事。因其纤维结构与众多树种不同，故制成的纸的品质可谓"独占鳌头"。在唐代的宣州，当地土质多为石灰岩，不利种粮食。而山间流水潺潺，常年不断，迫人改做手工业（造纸），以利生计。在制纸业兴起后，历经几个朝代，从宋至清，竞争异常激烈，工匠为提高技艺，努力钻研，连连创新，使宣纸质量大大改进，终成名牌产品。至今，还在生产各种品牌的手工纸、书画纸、手抄加工纸，既有手捞的，又有"机抄"（圆网机）的。这是后话了。

（2）四川省纸产区：有夹江、洪雅等县。位于四川省西部峨嵋山麓、青衣江流域的夹江县境内的河流——夹江，已有数百年的历史。该地区（包含夹江县周围）生长的竹林茂盛，而且水源丰富，竹农世代以制竹纸为业。在明清两朝就把该地所产的纸列为"贡品"之一，并钦定为"文闱用纸"，故所产的夹江纸，又称为"贡川纸"或夹川纸。另外，四川洪雅县天池坝亦是手工纸的原产地。周围生长有龙须草等，采用这种龙须草长纤维为原料制成的纸，取名龙须雅纸。该厂靠近青衣江（古称平羌江、雅河），河水清碧透澈，水质极优。尤以配方独特，"冷焙"自然干燥，一时成为闻名于世的书画纸之一。

（3）浙江省纸产区：含温州、龙游、富阳等地。位于东海之滨的温州一带，气候温和，物产丰富，人杰地灵。自古以来文化事业发达，对文房四宝的需求量较多。周围是丝绸之府，桑蚕业发展蓬勃，故有以桑皮为主的造纸原料。它所生产的叫做温州皮纸，以前曾经称为"白棉纸"（或"绵纸"）。该纸的纸质绵韧，受墨有弹性，墨色深厚，韵味自然，作为书画纸，受到书画家们的欢迎。此外，温州皮纸还可作为铁板蜡纸原纸、（加工后的）雨伞纸、皮袄衬纸等。

而浙江省的山区是一展盆地的龙游，这也是造纸业曾经兴旺之地。该处生长三桠树，其皮纤维细长，细胞壁上有皱纹，是天生的优良造纸原料。龙游书画纸（原拟名龙游宣纸）以三桠皮和稻草

（后改为龙须草）为原料，按传统方法手工捞纸。该书画纸的注册商标是"寿牌"，曾获得过浙江省名特产品的金鹰奖。

富阳地处浙江省西北部，上游为钱塘江，下游为富春江。自然环境优越，水陆交通方便，而且周围一带竹材资源非常丰富。浙江省采用竹子造纸的历史悠久，竹纸质量甚佳，如元书纸、京放纸、昌山纸、竹烧纸等。元书纸是浙江竹纸中的名品，它呈米黄色，纸质松软，帘纹明显，吸墨匀整。因此，元书纸多用于毛笔书写、木版印刷、裱画装饰等。

（4）河北省纸产区：主要是迁安地区。迁安县地处燕山山脉、长城脚下，滦河水横贯西东，是个山青水秀、风光旖旎的好地方。自古该地桑林遮布，多种桑产茧，养蚕业甚为发达。迁安古迹之一的蚕姑庙即是历史的见证。在滦河支流，如三里河沿岸村落，皆设纸坊。以河水沤洗桑皮，用以造纸。历经沧桑，残烛岁月，迄今迁安保留下来的手工纸坊为数已不太多。不过，每年尚能抄造一些高丽纸，销往省内外，供客户作书画之用。

（5）陕西省纸产区：主要是凤翔等县，处于八百里秦川中段的凤翔，原为西行丝绸之路的驿站之一。当地盛产大麻、野麻等作物，麻织品很多。当地利用废弃麻物加工而得白麻纸，后改名为凤翔书画纸。

凤翔书画纸是以多量的废麻浆和少量的（麦）草浆为原料加工而成的。该纸的外观不如皮纸和竹纸那般平滑、细腻、滑润。但其强度较高，不易变色、变形，可以耐久保存。这种纸分为一等和二等，一等可供书写之用；二等纸的色泽较暗，多用于一般农产品包装，等等。

（6）广西壮族自治区纸产区：以都安县出产的都安沙纸、"桂宣纸"、都安书画纸而闻名。它是位于广西壮族自治区中部崇山峻岭间的瑶族同胞居住地——都安瑶族自治县出产的一种手工纸。这里山峦起伏，野草遍生。又有山涧的潺潺流水。该地耕地少，山民多以副业为主，造纸是其中的维持生计的行业之一。都安书画纸以楮皮、桠皮为主要原料，再配以龙须草纤维制成。纸色纯白，吸墨性好，质地轻柔。我国著名书法家、词人赵朴初（1907—2000）题诗赞美此纸曰："蜀夸十色浣花笺，徽擅嘉名玉版宣。今日桂林新样纸，春水晓月比光妍。"

（7）云南省纸产区：主要产纸地有腾冲县、丽江地区等。腾冲是我国边陲南疆——我国云南省邻近缅甸的一个县城。这里的自然条件优越，盛产构树、三桠等植物，又有地热资源的"热水塘"。现为云南"热泉"旅游开发区。早在8世纪南诏国建立之初，因为此地地处要冲，设置"软化府"。府内居有汉、傣、傈僳、阿昌等各个民族，随着经济文化逐步发展，后来改称腾冲府。但此地距中原路远，物资全靠"马帮"运输，困难不小。特别是对文化用品，尤其是纸张的需求，与日俱增。所以，自元末明初，就有纸坊在腾冲兴建，所产之纸，以细白柔韧著称。不久，营销全省乃至出口缅甸，从此赢得了声誉。丽江的纳西族东巴纸，别具一格。他们所用的原料有"弯呆"（又称莞花）、"糯窝"等，采取、借鉴汉族同胞使用的传统造纸法（工序大同小异）制成书写"东巴经"的东巴纸。经过多年的努力实践和经营，纳西东巴纸可以用来写经、画画、印书等。如今这种纸已经成为丽江旅游业新的经济增长点之一。

（8）贵州省纸产区：都匀是黔南自治州的首府，距省会贵阳160公里，其附近有风光绮丽的剑江风景名胜区。都匀古称都云，沿剑江两岸植物生长密茂，又有江水可资利用。明清朝以降，纸业曾蓬勃发展。都匀纸的原料主要是构皮等，纸色匀白，纸质柔韧，可用于一般书画。近年来因当地辟为旅游胜处，手工纸作坊改为参观景点之一。还有黔东南苗族侗族自治州的丹寨县，至今完整地保留了古代造纸术的传统工艺。

（9）新疆维吾尔自治区纸产区：最早的新疆手工纸，根据考古发掘的资料表明，大约是在公元7世纪初从中原地区传播过去的。开始他们是制作麻纸，以破麻布为原料，因新疆产区不产竹子，其

"纸模"用芨芨草编织。故新疆与内地所造的麻纸，两相比较则以前者较粗厚，后者细匀。原因是使用竹帘为工具抄造的纸肯定比使用纸模的要好得多。

后来，新疆地区废弃麻类改以桑树为原料抄造桑皮纸。据调查，自古以来，在新疆南部和东部，尤其是吐鲁番、和田地区的维吾尔族同胞，采取桑树枝内皮为原料，制造手工纸。其生产过程是，经过剥取树皮、浸泡、发酵、锅煮、捶捣、入槽、捞纸、晾晒、磨光等20多道工序，历时3个月，最终制成桑皮纸。根据原料品质和加工条件，该成品共分为高、中、低等3个档次。在新疆的历史上，这种桑皮纸继麻纸之后，广泛用于书信往来、档案卷宗、会议记录、经籍印刷、司法传票等。中档纸用于茶叶、草药的包装；粗桑皮纸则是用来糊天窗、制衣靴的辅料。

20世纪70年代以后，桑皮纸曾经完全退出了维吾尔族人民的日常生活。现在，吐鲁番、和田地区又开始生产少量的桑皮纸，一般是供旅游部门印制地图、民族风情画等。还有的拿来写字、画画，在使用上比机制纸少得多，早已处于辅助地位。

（10）台湾省纸产区：根据清代乾隆十七年（1752年）重修的《台湾县治》上说，明清时期，台湾民众不造纸。所以，当地用纸皆以外地（福建）购入。直到清末，才有人借用日本方式抄纸。所以，台湾省的手工纸原有两个系统：一个是传承闽南的抄纸法，以制竹纸为主，多用于敬神、祭祖等；另一个是在日本占据时期遗留下来的"漉（lu，音鹿）纸法"，以构皮为原料，生产"棉纸"、画仙纸等。所生产的手工纸除供本岛使用外，还有余量远销日本及东南亚等地。

现在比较有规模的手工纸工场，主要分布在台湾中部的南投县、西部的嘉义和彰化县，产品有棉纸、"宣纸""神纸"、毛边纸、卫生纸等。以前，曾有40多家手工纸工场，生产状况不错。近年来，因经济滑坡、人工费用上升，产量锐减，生产困难较大。手工纸的经营难以维持，现在只剩下为数不多的工场了。

1.2.4 性能

古代没有测量纸张性质的仪器，无法取得定量的结果。只好以定性的说明来代替，通常用洁白、柔韧、平滑等形容词来概括。洁白，就是指纸的白度，对白度的解释有两种：一是光学白度，即在一定波长（蓝光）照射下所反映的表颜色；二是观察白度，即人眼见到的白度，或者是与100%硫酸钡（化学纯）拿来对比时的白度。例如，根据宣纸的行业标准（GB/T 18739—2008），它的白度规定为72%。笔者在实验室曾测定多种（泾县）宣纸样品，统计数表明其白度最高为76%，最低为70%，一般为72%。过高的白度利少弊多。因为通常高白度是使用过量漂白剂的结果，虽然外观上"白"一些，但是对纸的内在结构和纤维的损伤是不可低估的。然而，如果采取自然日光晒白的方法，纸的白度多数在70%左在。又如：柔韧，指的是纸的强度——按机制纸的说法包括拉力、撕裂、湿强度等。但是，手工纸则是指手感而不指拉伸强度。所以，手工纸没有相应的数量指标来确定，更谈不上柔韧的标准是什么。再如平滑，是对纸面的要求之一，即纤维的交织状况良好，没有凸凹不平的现象。当笔和墨与纸接触时，能够"润笔如神"，不会有"空挡"或陷笔的情况。机制纸有平滑度测定仪，手工纸能否借用？

有人提出，手工纸的性能测定，定性说明不科学，主张套用机制纸的检测仪器和方法进行"量化"，但具体的做法也有问题。还有人认为不必规定求得严格的数据，就好像中医摸脉视诊那样，模糊处理。总之，目前尚存在不同的认识，有待今后进一步深入研究。

总括上述，手工纸的性能特征有以下8点：（1）纸质柔和，手摸感觉甚软，长时间存放后也不会变硬。（2）纸的结构比较疏松、紧度较小，与机制纸的紧度大形成鲜明的反差。（3）迎光举纸观看面上呈现有明显"帘纹"，而机制纸完全没有。（4）两面平滑性相差甚小，粗糙度几乎相近。而机制纸通过烘缸干燥，具有一面光滑、另一面不光滑；或者两面都光滑的情况。（5）纵横向的强度，两者差别不大。而机制纸是纵向强度大，其横向强度小。（6）吸水性较大，手工纸因紧度小、孔隙多，又没有经过"施胶"，故吸水能力很强。（7）具有一定的润墨性，因纤维原料的细胞壁结构不同，对墨粒的吸附力有差别，故宣纸的润墨性最佳，其次是皮纸（桑皮纸、构皮纸）等。（8）耐久性较好，手工纸系碱性纸，本身具有较长的"寿命"，而宣纸的寿命更长，耐久性的下限是1 050年。

1.2.5　应用

手工纸的应用，在古时候是很多的。虽然由于古代的经济水平、生产水平和文化水平所限，纸的应用范围无法与现代相比，但是在古时候纸的使用还是相当宽广的，除了在文化上用于抄写、印书以外，在日常生活中纸张也用于包裹、卫生、医药，以及制作纸扇、纸伞、纸旗子、纸灯笼、纸风筝和纸玩具等。还有用纸制作纸帽子、纸头巾、纸衣服、纸腰带、纸蚊帐、纸被褥、纸屏风，乃至纸盔甲、纸棺材，等等。这些纸制品随着时光的推移，有的被淘汰了，有的被替代了，有的（少数）被保存了下来。

在现代，手工纸则多集中应用在以下四个方面：

（1）书法国画方面。纸是中国艺术形式中特有的一种媒介，表现中华文化中特有的色彩。中国艺术重意境，运用笔墨在纸上表达中国的书法和绘画；而西方艺术重形式，采用石头来表达西方的雕塑和建筑。前者是二维式的平面艺术；后者是三维式的立体艺术。

中国纸即手工纸在表达中国书画方面，可以说是达到颇高的意境。世界上的绘画简单地说只有两种：一种是注重内容，即画面描写事物的意义和价值；另一种是注重形式，即画面描写事物的形状和色彩。这两种绘画，中国画和西洋画里都有。不过，中国画倾向于前者多些；西洋画则倾向于后者多些。中国画中画花卉、木石，题材上的选择常表示一种意境，或含蓄一种象征的意义。例如，画花多绘牡丹（取其浓艳象征富贵）、菊花（取其淡雅象征高洁）等，而不喜欢画无名的野花、小草。画金鱼而不画乌龟，画雄鹰而不画乌鸦，画石头而不画瓦片。在画内含蓄着一种思想、意义或主义，通过观者的眼，诉于观者的心。

中国画的特色是画中有诗，画诗融和，表现的手法从设想、章法、构图、赋彩，都是清空的、梦幻的世界。中国画可以说是文人墨客的梦境的写真。中国画与中国京剧的趣味是一致的，开门不用真实的门，只要两手在空中比划一下，做个动作，门就开了；吃酒也不必真饮，拿个木头杯子，仰面一倒，酒便下肚了。这就是中国画注重写人物神气；而西洋画注重写人物形体，连光线射到面孔的调子、阴影，都要求刻画得细致入微、丝丝入扣。

（2）古籍印刷方面。我国的典籍浩如烟海，历朝历代积累下来的文化宝库异常丰富。据中国国家图书馆初步统计，我国现存的纸质古籍约有3000万册（卷），它所采取的形式是书（线装书）。广义地说，凡用于传播知识、宣扬思想，以文字书写或印刷在某种材料（主要是纸）上的叫做书。自东晋（403年）太尉桓玄废除晋安帝，掌握朝政，遂下令"以纸代简"后，纸的应用范围大增，从官府文书、民间契约、私人信札，到随葬物疏、经传史册等，种类繁杂，数量众多。经过一段时间的推行，直到隋、唐、宋，造纸业进入了鼎盛时期。具体表现在：造纸中心（产地）的形成，造纸新原料的开辟，名纸纷纷登台"亮相"，技术更上一层楼等。其中安徽宣州府制造的宣纸，红甲一时。此后，到元、明、清各代，大凡宫廷、学府所用的纸，当首推宣纸。于是便使许多珍本（古籍中凡刻印较早、流传较少、文物价值高的书）、善本（凡内容较好、刻印较精、流传较少，并具有较大参考价值的书），被流传下来。

前些年，国家图书馆出版社曾出版一套大型的《中华再造善本》图书，内容为选自元、宋、明、清各代的善本750种，宣纸精印，线装本，带函匣，只印200套。定价300万人民币/套，其中100套由全国100所大学图书馆收藏，另100套全球销售，已经订购的有美国国会图书馆、中国台湾省"中央研究院"等。这是我国文化、印刷、出版界的一件盛事，可喜可贺。至于全国各地选用连史纸、毛边纸印刷古籍，更是多得不胜枚举。

（3）工艺制品方面。手工纸的应用范围较从前有了一些扩大，可以用来包装茶叶（如普洱茶）、药物（药丸纸）、鞭炮（霹雳炮纸）等。加上原有的纸制品，如纸鸢（风筝）、剪纸、年画、纸伞、纸牌、纸花、纸灯笼等，在一些地方有了复苏。特别是近时开辟的文化村、度假地、观光区等，让国内外的旅游者、来访者，耳目为之一新。作为反映某些旅游地区的特色，手工纸的制作和应用，还有希望做进一步的开发。例如新疆和田地区的桑皮纸、贵州黔东南丹寨县的构皮纸、云南丽江地区的纳西族东巴纸等，都是值得推荐的。

（4）其他用途方面。在外交公文、档案上，手工纸要比一般机制机具有更多的实用性。从总体上说，手工纸的定量都比较小，而且结构疏松，即很轻、巧、小。所以，用来誊写公函、外交文本，交换时较为方便。遇到特殊情况时，利于及时处理。在日常生活中，拿手工纸或手抄加工纸用于喜庆、祝寿等方面，也不失为一种情趣之举。唐朝的白居易（772—846）在一首诗中说："红纸一封书后信，绿芽十片火前春"，这是用红纸包绿茶送朋友，情谊更深。从前社会上有个风俗，男女订婚，算生辰八字，分别写在龙凤纸上，男方藏凤纸，女方贮龙纸，故有"检与神方教驻景，收将凤纸写相思"的诗句。今天在人们欢度端午节、中秋节、母亲节、情人节的时候，何尝不想一想手工纸究竟会派上什么用场呢？

1.3　纸张幅面

1.3.1　意义

　　古纸或手工纸与机制纸之不同，它是采取间歇式的操作制作出来的。而机制纸则是连续式的方式生产出来的。因此，机制纸不存在幅面尺寸大小的问题，而是纸的分切问题。从历史上来讲，我国各个朝代的手工纸的幅面大小是不一样的。而当时的"度量衡"即尺的长短和量的大小在不同时期也有差别。另外，古籍中虽然记载有各种纸名、性能和应用，但古人对纸张尺寸留下的记载不多，这样就增加了研究上的困难。

　　须知，纸张幅面的大小是衡量造纸技术、设备水平的一种尺度，同时它又是适应那时的社会需要而发展起来的。尤其值得注意的是，手工纸的尺寸与造纸技术的发展水平之间的关系十分密切。在手工造纸技术发展初期，因受到人力（一人一帘）、纸帘（竹帘）、纸槽、烘干条件等的限制，通常纸的幅面不大。同时，纸张作为简帛书写的代替品，社会上也没有更大的需要。后来，经济发展了，文化繁荣了，绘画上从用帛（绢）转向用纸。由于纸的幅面小，不宜画大画，所以在很长时间里纸本不能取代绢本。其间，虽然有人用粘贴法来加长加大纸的尺寸，可是在纸的接缝处又不好着墨（如人物的面部如眼、嘴）。因此，直到唐宋以后，才逐渐有了幅面较大的纸用于绘画。所以说，随着社会需求情况的发生变化，加上生产技术水平的提高，纸的尺寸也相应地会增大。中心问题是，从纸的尺寸变化能反映出我国文化艺术和造纸技术的变化。

另外，我国古代用纸的大小也体现出封建等级的一个标志，尤其是在公文用纸（如科举考试后公布名次的"榜纸"）方面。皇帝是封建政权最高统治者，皇帝所颁发的诏令文书的用纸规格要大，小了不行。据研究，这种规定开始于宋代，比如宋朝法律《庆元条法事类·卷十六》明文规定："皇帝诏敕（chi，音斥）纸高一尺三寸（合今41.47cm），长一尺（合今31.90cm）"，这是当时最大幅面的纸，"余官、私纸高长不得至此"。后来，宋朝又以纸的大小体现等级，还用在任命官员的"告身"（即委任状）上。官告院颁发给文武百官的告身是用绫装裱的绫纸，所用绫纸的大小则视其官员品级的高低分为三种规格：大绫纸、中绫纸和小绫纸。一、二品官员告身用纸大小相同，自正三品以下的官员以绫纸的大小适用于不同等级。大纸长一尺八寸（约57.42cm），宽一尺零三分（32.85cm）；小纸宽九寸五分（约30.31cm），长一尺四寸（4 4.66cm）。宋朝的内外军校官员的封赠文书也用大、中、小绫纸以区别其等级。《宋史》卷一百六十三载：大绫纸是对遥郡刺史、藩方指挥使、御前忠佐马步军都副都军头、马步军都军头、藩方马步军都指挥使等官员使用；中绫纸是对都虞侯以上诸班指挥使、御前忠佐马步军副都军头、藩方马步军副都指挥使、都虞侯等官员使用；小绫纸是对诸军指挥使以下官员使用。

到了明代，文武官员的级别仍然分为"九品"，没有品级的称"未入流"。官府衙门的品级与正印官的品级是一致的，如六部尚书为正二品，与此相对应的吏、户、礼、兵、刑、工等六部衙门即为正二品衙门。洪武十年（1378年），明朝政府颁布"天下诸司文移纸式"，按衙门品级的等级制定了不同的用纸规格，品级越高的衙门，所用的公文纸越大，反之则越小。明朝政府还将衙门公文用纸大小作为一项制度，各级衙门颁发公文必须照此规定执行，"不如式者罪之"。明政府对各级衙门公文用纸规定如此之细，除了体现封建衙门等级外，客观上也使明代的公文用纸规格统一、整齐，为日后行档案管理制度打下了一定的基础。

清代的册封文书用纸也处处体现等级。据《清会典》卷二十八载：册封亲王、亲王福晋及亲王世子、福晋的册用"金（质）册"，郡王及郡王福晋的册用"银质饰金册"。此外，郡王长子、贝勒贝子及郡主、外藩王福晋等均给"纸册"。而纸册依据册封人的身份又有两种不同的规格：一是册封贝勒贝子及贝勒贝子夫人、郡主、县主、郡君，册长一丈五尺六寸（全长517cm，即高129cm，宽65cm的册页），二是册封蒙古王贝勒，册长一丈（全长331.5cm，即高82cm，宽41cm的册页），比前一种纸册小些[1]。

由此可见，纸张幅面与社会文化、政治、经济、技术等都有千丝万缕的联系，反映了社会发展的进程。因而历代古纸的大小及其变化，从另一个侧面告诉我们，中国古代造纸技艺的前进步伐。纸的幅面之大小，从生产上可由竹帘的面积来推断；还可以从应用（比如一般以书法、绘画用纸的尺寸）方面来考查、推论。

1.3.2　历代尺寸换算

我国的度量衡制度，从秦始皇开始虽然强调统一，但历朝历代都有一些细微的变化。现将我国历代的1尺相当于现在的公制长度（m、cm）开列如下[2]：

年　代	尺　寸
西汉	1尺合今尺0.233～0.234m（平均0.233m）
新莽	1尺合今尺0.231m

1丁春梅，中国古代公文用纸等级的主要标识，《档案学通讯》2004年2期p43—46，文内用纸尺寸均重新核算。册长，是指册的四边长度，即a=129，b=65cm；a=82，b=41cm。

❷矩斋，古尺考，《文物》1957年3期，p25—28。

年 代	尺 寸
东汉	1尺合今尺0.235～0.239m（平均0.237m）
西晋	1尺合今尺0.245m
东晋	1尺合今尺0.267m
隋代	1尺合今尺0.273m
唐代	1尺合今尺0.280～0.313m（平均0.287m）
宋代	1尺合今尺0.309～0.329m（平均0.319m）
元代	与宋代无大变化
明代	1尺合今尺0.320m
清代	1尺合今尺0.310～0.353m（平均0.332m）

为了研究、折算方便起见，本书拟定历代用纸的尺寸折合今天的量度为：汉代平均23.70cm，晋代平均25.60cm，隋代平均27.30cm，唐代平均29.65cm，宋代平均31.90cm，明代平均32.00cm，清代平均33.15cm。

根据文献记载和古尺拓本的实测，表明历代尺度变化是由短而长，已成定例。本书中对各个朝代的纸的尺寸大小，都与上述尺度相对照。请阅读时注意它们之间的对应和换算关系（为了保持原貌，引文皆按原文来记录，加注括号换算为今天的公制计量）。

1.3.3　古纸的尺寸

我国历代的古纸，从总体上看是随着时间的推移和技术水平的提高，所能抄造的纸幅尺寸在逐步地增大。不过，若在特殊的年代（如政局动乱、经济萧条等）也出现反复，故不能肯定后朝的纸幅面一定要大过前朝。

在以往发表的有关中国手工纸的论著中，涉及古纸的尺寸这一方面的内容比较少，偶尔提到一点，也语焉不详。有可能是资料十分短缺，也可能以为这个问题无关紧要，还有可能是因为尺寸与数字有关，定量化的说明比较困难。因而，避重就轻，一笔带过，不予沾边。

笔者以为，古纸的尺寸是解剖中国造纸发展史的一个纲，纲举则目张。而在研究古纸的尺寸这个问题时又发现，古代的书籍、信函、纸钞等的大小，与抄造时纸张幅面没有直接关系，因为它们要按当时、当地习惯或规定的要求去裁切。而历代留下的诸多名家的书画墨迹，却是可以多加注意、参考和统计的（粘贴的除外）。因此，我们拟从造纸发明初期开始，沿着历史长河具体讨论各个朝代的用纸幅面大小的情况，以及引伸出来的结论。

从现有的历史古籍和考古发掘的资料来看，绝大多数学者认为：先秦以前，我国还没有发明造纸，社会上也没有"纸"这个东西。推而言之，世界上也没有真正的纸。而汉代（西汉系指公元前206—公元23年，东汉25—220年）才是我国发明造纸的初创时期。至于到底是西汉发明造纸，还是东汉发明造纸，因目前存在不同的看法，我们暂时搁置一边，不再争论。总之，中国在汉代发明了造纸，这一论点是各方均可接受的。

在造纸发明初期，因为同时流行的书写材料有竹简、缣帛，纸张的应用是有限的。从西北地区墓葬中清理出来的多种西汉古纸，通常纸的残片幅面都在20cm以下，纸的原有尺寸不详。而据古籍记载，东汉蔡伦时有网纸、麻纸等，只存其名，难觅实物，大小不知。那时纸的幅面在文献上没有注明，而这一时期的古纸，究竟有什么用途？直接用于书写的占多少？还存有不少的问号。

如果把古书记载和出土实物结合起来考虑，汉代的尺牍为一汉尺（23.70cm），相当于今天一市尺的2/3（七寸），从而推测汉代纸的尺寸一般都不大。而且由于汉代的习惯力量，"书之竹帛，镂之金石"，加上王莽篡政引起的混乱环境，刚刚兴起的"纸之焰"几乎被水浇近乎熄灭了。麻纸发明于汉代，而比较普遍使用是在两晋。

晋代（西晋265—316年，东晋317—420年）的纸名，据文献记载的有侧理纸、蜜香纸、藤角纸、楮皮纸、蚕茧纸等。但它们到底是什么样子、如何辨识，一直搞不清楚。20世纪初，从甘肃敦煌和新疆等地发现数以千计的用纸书写的文书、经卷等，其中有相当数量的是晋代、南北朝时期的。它们是经传、契约、账簿、案录、信札、衣物疏等，不仅有汉字，还有我国古代境内少数民族文字（如回兹文、西夏文、于阗文、龟兹文、藏文等）和境外的中亚、西亚、南亚等文字（如粟特文、波斯文、火拉罗文、波罗密文等）。这些纸的幅面有大有小。由于数目巨大，又流失海外，虽有编号，但无法逐一测量，迄今以为憾事。

从出土和传世的魏晋时期的古纸来看，例如，敦煌石窟经书中有一卷现存有纪年的麻纸写本《譬喻经第卅·出地狱品》（图1-3），它总长166cm，由7张小纸粘连，每纸长度30.3cm、宽度23.6cm。卷尾的题文是："甘露元年三月十七日，于酒泉城内斋丛中写讫。此月上旬，汉人及杂类被诛。"该纸现藏日本书道博物馆。

晋代用于书法的纸，当推西晋人陆机（261—303年）所写的《平复帖》（图1-4），这件传世的法书真迹，其长度23.8cm（约合一晋尺）、宽度20.5cm（约合八寸三分），书风朴拙、笔画刚劲，现藏北京故宫博物院。传世收藏的晋代书法作品（不一定是晋纸，但可由摹写本推测其尺寸），如东晋王羲之（321—379）的《快雪时晴帖》高七寸一分（长23.6cm）、阔（宽16.4cm）。王献之（344—388）的《中秋帖》高八寸四分（21.5cm），长37cm，宽

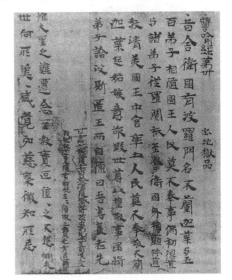

图1-3 三国蜀·《譬喻经·出地狱品》（麻纸）

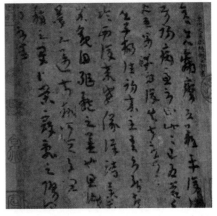

图1-4 西晋·陆机写《平复帖》（麻纸）

图1-5 晋·阿斯塔那墓葬的《施工草图》（纸本¹）

11.9cm。王珣（350—401）的《伯远帖》高25.1cm、宽17.2cm，等等。上述各帖的尺寸都在25cm左右，纸上的字迹也不多。

晋朝时用纸绘画，在古书上没有记载。1964年在清理新疆吐鲁番市阿斯塔那的一座晋代墓葬里，发现了一幅纸画（图1-5）。该画横长（高度）106cm，纵阔（宽度）47cm，是用6张小纸粘结而成。作为墓中的"随葬品"（可能是一张墓葬设计的施工草图），这是目前所知最早的纸画实物。其高度约35.3cm，宽度为23.5cm，纸幅的面积也合一晋尺半左右。这表明用来绘画的纸一般都比书写的用纸要大。该画现藏新疆博物馆。

另外，从古书记载的晋纸来说，根据宋代赵希鹄（约1200年在世²）的《洞天清录集》中称："（东晋时）其纸止高一尺许，而长只有半。盖晋人所用大率如此，验之《兰亭》狎缝可见。"东晋一尺即等于今0.267m，半尺为0.134m。又据，宋代苏易简（957—995年）的《文房四谱》载："晋令诸作纸，大纸一尺三分（合今33.28cm），长一尺八分（46.08cm），或作一尺四寸（35.84cm）。小纸阔九寸五分（24.32cm），长一尺四寸（35.84cm）。"

---

1 纸本：原故宫博物院在20世纪30年代，对所藏唐宋名画、法书进行清点、登记在册时，为了与绢帛有别，凡未经研究为何种纸张者（不知其纸名，何种原料、产地），一律注明为"纸本"。它到底是什么纸，有待研究后确定。

2在世：即活在世上之意，仅指不知其生日，又不晓其终时之间的年份。

总之，两晋时期的纸面尺寸，大体上是大幅纸的直高（即横向，俗称宽度）26~27 cm，横长（即纵向，俗称长度）42 ~52cm。小幅纸的宽度23~24 cm，长度41~45 cm。

南北朝（南朝、北魏、西魏、北周，420—581年）时期，由于佛教的普遍传布，抄写佛经的工作日趋兴盛，从敦煌石窟内发现的大量经卷可资证明。这些经卷写本用纸具有的特色，一是原料扩大；二是质地较粗糙，多为本染色纸；三是尺寸不大，由多张小纸粘连起来。安徽省博物馆收藏有北凉段业神玺三年（399年）的《千佛名经卷》（写本），由两张经纸粘连而成。一张纸长30.5cm，高23.5cm。

总之，南北朝时期的纸面尺寸，大幅纸的宽度25~27 cm，长度54~55 cm；小幅纸的宽度24~25 cm，长度36~55 cm。

隋朝（581—618年）立国的时间不长，用纸量不多。绘画上的用纸，多用皮纸，如隋代画家韩滉（723—787）绘的《五牛图》（图1-6），长约140cm，宽21cm，由6张纸粘联而成。经化验所用的原料是桑皮，纸表面有光泽，似有蜡层，色为浅黄，纤维匀度较

图1-6 隋·韩滉绘《五牛图》（桑皮纸）

好。这是我国最早的传世纸本绘画，现藏北京故宫博物院。

唐代（618—907年）的经济文化事业十分发达，纸张品种繁多，有硬黄纸、宣纸、会府纸、薛涛笺、澄心堂纸等。李绰在《尚书故实》一书中称："唐太宗有大王（即王羲之）真迹三千六百纸，率以一丈二尺（355.8cm）为轴，宝惜者兰亭为最，用三匣贮之，藏于昭陵。"这就是说，其中最大的书法用纸之尺寸，纵向已经达到一丈二尺，较之前朝有了长足的进步。

唐朝书写之用的大多数还是麻纸。唐代的纸写本，系在景龙四年（710年）由一个名叫卜天寿的人，在一本账簿纸的背面抄写了东汉人郑玄（127—200）撰的《论语注》。这本纸书在新疆出土，其尺寸为27cm×43.5cm（图1-7）。末尾的题字是："景龙四年三月一日西州高昌县宁昌乡厚风里义学生卜天寿"。另外，唐朝诗人杜牧（803—852）在大和三年（829年）写的《张好好诗》纸本，横162cm，纵28.2cm，用的就是麻纸（图1-8），现藏北京故宫博物院。

安徽省博物馆收藏有唐朝大中六年（852）的《二娘子家书》

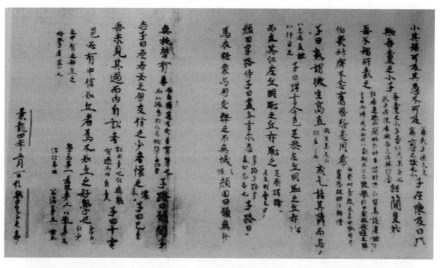

图1-7 唐·抄本卜天寿写《论语注》（纸本）

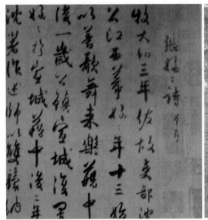
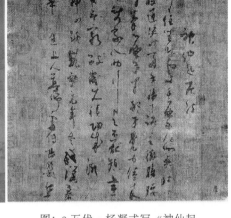

图1-8 唐·杜牧写《张好好
诗》（麻纸）

图1-9 五代·杨凝式写《神仙起
居法帖》（麻纸）

（写本），纸（横）长44cm，（纵）高32cm。清代金埴（zhi，音直）在《巾箱说》中说："唐代的硬黄纸，（横）长二尺一寸七分（64.34cm），（纵）阔七寸六分（22.53cm），重六钱五分，纸质之重，无逾此者。"现代考古学家王明在《考古学报》（1956年第1期 p115-126）发表的论文（"隋唐时代的造纸"）中对唐代开元十六年（728年）和天宝十二年（753年）的纸样进行测量后指出：其长度约近45cm、阔度约近30cm。又据对敦煌石窟所藏630—881年间11种唐人写经纸的研究，尺寸为长42~52cm，宽25~29cm。总之，唐朝时期的纸面尺寸，大幅纸的宽度36~55 cm，长度76~86 cm。小幅纸的宽度25~31cm，长度36~55 cm。

五代十国（907—960年）战事不断，民不聊生。文化事业凋零，用纸的幅面大小不一。杨凝式（873—954）的《神仙起居法帖》为27×21.2cm（图1-9），系麻纸所写。现藏北京故宫博物院。五代时期的纸面尺寸，大幅纸的宽度28~30cm，长度40~45cm。小幅纸的宽度14~20cm，长度30~42cm。

宋代（北宋、辽 960—1127年，南宋、金 1127—1279年）的造纸技术有了突飞猛进的发展。从古籍中记述的纸名，计有：

金粟山藏经纸、贡表纸、由拳纸、麦光纸、白滑纸、冰翼纸、玉版纸、观音纸、京帘纸、凝霜纸等，品种繁多，不胜枚举。以现存的书画来说，比如，宋代李建中（945—1013）的《同年帖》，其尺寸为33cm×42cm（图1-10）。又如，米芾（1051—1117）《珊瑚帖》的幅面为26.5×47cm（图1-11）。现藏北京故宫博物院。再如，马远（1190—1225在世）的《寒江独钓图》（图1-12）纵26.8cm、横50.3cm，现藏日本东京国立博物院。

图1-10 宋·李建中写《同年帖》（纸本）

还有宋徽宗赵佶（1082—1135）的《鸲鹆图》纵88.1cm、横51.8cm，现藏南京博物院。以及宋代夏圭（1195—1224）《溪山清远图》纵46.5cm、横88.9cm，现藏台北故宫博物院。宋代梁楷（1201—1204在世）《太白行吟图》纵81.2cm、横30.4cm，现藏日本东京国立博物馆，等等。

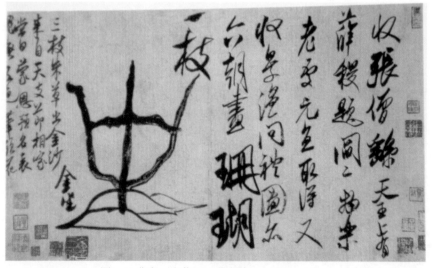

图1-11 北宋·米芾写《珊瑚帖》（竹纸）

图1-12 南宋·马远绘《寒江独钓图》（纸本）

据苏易简（957—995）在《文房四谱》中载："歙间多良纸，有凝霜、澄心之号。复有长者可五十尺（按：宋1尺合31.7cm）为一幅，盖歙民数日理其楮，然后于长船中以浸之，数十夫举抄，以抄之。傍一夫以鼓而节之。于是以大熏笼周而焙之，不上于墙壁也。于是自首至尾，匀薄如一"。这段话的意思是，以长度为5丈的巨幅纸（5丈约合今天的尺寸为1595cm），是在像大船一样的纸槽中由几十人同时举帘来抄造，旁边还有一人击鼓指挥。湿纸不能够贴上烘墙干燥，而是采取"大熏笼"周而复始地缓缓转动来热烤（"周而焙之"），把湿纸烘干即成。所谓大熏笼，就是用竹、木制的圆柱形骨架，内外抹上石灰、桐油、糯米、泥土、锅灰末等，中心有铁轴，吊住一个木炭火盆，不停地发出热量。大熏笼在竹帘上进行烘烤，使湿纸中的水分慢慢蒸发，最后便得到干纸。所以，明代人文震亨（1585—1645）在《长物志》一书里称："宋有巨纸，长三丈至五丈"。这就改变过去要用多张小纸黏连才能画大幅画的尴尬局面，有了"巨纸"，为创作大幅书画提供了更为优越的物质条件，也表明宋代的造纸技术取得了长足的进步。

总之，宋朝时期的纸面尺寸，大幅纸的宽度80~82cm，长度90~1600 cm；小幅纸的宽度21~50cm，长度31~50 cm。

图1-13 元·赵孟頫的《鹊华秋色图》（纸本）

　　元朝（1279—1368年）的建立时间不长，流传下来的画幅尺寸都明显地增大。例如，赵孟頫（1254—1322）的《水村图》幅面为24.9×120.50cm，现藏北京故宫博物院。赵孟頫的《鹊华秋色图》纵28.4cm，横93.2cm（图1-13），现藏台北故宫博物院。黄公望（1269—1354）的《富春山居图》纵33cm，横636.9cm，现藏台北故宫博物院。吴镇（1280—1354）《松泉图》纵105.4cm，横31.7cm，现藏台北故宫博物院。王蒙（1308—1385）《葛稚川移居图》纵139cm，横58cm，现藏北京故宫博物院，等等。总之，元朝时期的纸面尺寸，大幅纸的宽度30~40cm，长度130~640cm；小幅纸的宽度25~33cm，长度34~120cm。

　　明朝（1368—1644年）时期，手工抄纸技术发展到了成熟阶段，加上书画家们热衷于在纸上泼墨，传世许多绘画佳作，且幅面尺寸逐渐增大。例如，董其昌（1555—1636）的《升山图》为26×144cm，现藏南京博物院。又如沈周（1427—1509）《庐山高图》纵193.8cm，横98.1cm，现藏台北故宫博物院。再如唐寅（1470—1523）《秋风纨扇图》纵77.1cm，横39.3cm（图1-14），现藏上海博物馆。还有徐渭（1521—1593）《杂花图》纵30cm，横1053.5cm，现藏南京博物馆。

总之，明朝时期的纸面尺寸，大幅纸的宽度30~200 cm，长度150~1100 cm；小幅纸的宽度26~40 cm，长度90~120 cm。

　　清朝（1644—1911年）的纸业更为发达，尤其在"康乾盛世"，名纸涌出，宣纸、皮纸、毛边纸、连史纸、玉扣纸以及罗纹纸、玉版纸、笺纸等，琳琅满目。绘画用纸的尺寸，可以随书画家的要求来特制。因此，纸面尺寸的状况有了很大的改观。例如王时敏（1592—1680）《夏山飞瀑图》纵155.2cm，横72.3cm，现藏南京博物馆。又如项圣谟（1597—1658）《且听寒响图》纵29.5cm，横4062cm，现藏天津艺术博物馆。再如朱耷即八大山人（1626—1705）《古梅图》纵96cm，横55cm（图1-15），现藏北京故宫博物院。复如黄慎（1687—约1770）《醉眠图》纵135.6cm，横170.1cm，现藏辽宁博物馆。还有吴昌硕（1844—1972）《紫藤图》纵163.4cm，横47.3cm，现藏北京故宫博物院。从这些画幅的大小，大体上了解当时的书画用纸之尺寸。总之，清朝时期的纸面尺寸，大幅纸的宽度30~140 cm，长度200~4100cm；小幅纸的宽度30~60 cm，长度50~150 cm。这只是粗略统计的数字。

图1-14 明·唐寅的《秋风纨扇图》（纸本）

图1-15 清·朱耷的《古梅图》（宣纸）

如今纸的幅度比古代大得多，而且细得多。仅以宣纸为例，又分为四尺、五尺、六尺、八尺、丈二、丈六、丈八等，同时，通常是按在前冠以尺寸，如四尺的宣纸——简称四尺宣，其大小是：69.0cm×138.0 cm（宽度×长度，下同），其品种名有四尺单、重四尺单、棉连、四尺类、四尺二层、四尺三层、罗纹、皮四尺单、皮棉连、扎花等；五尺宣：84.0cm×153.0cm，其品种名有五尺单、五尺类、五尺二层、五尺三层、皮五尺单等；六尺宣：97.0cm×180.0cm，其品种名有六尺单、六尺类、六尺二层、六尺三层等；八尺宣：124.2cm×248.4cm；丈二宣（又称丈二匹）：144.9cm×367.5cm；丈六宣（又称丈六匹）：193.2cm×503.7cm（注意，宣纸系手工纸，单位为尺，或cm；与机制纸的计量单位mm不同）。以上这些品种名称各地叫法略有不同，如四尺二层又叫四尺夹。宣纸为单张纸或称平板纸，不论尺寸大小，均以100张为1刀（旧式也有200张为一刀的）。

自1911年辛亥革命推翻清王朝后，机制纸全面引入内地。随后，我国的造纸业便划分出两条路向前发展：一条路是机制纸日益发展，另一条路是手工纸日渐萎缩。许多手工纸已经成为历史名词，留下来的也岌岌可危。

参考书目

[1] 洪光、黄天右，《中国造纸发展史略》，轻工业出版社（1957）

[2] 石谷风，谈宋代以前的造纸术，《文物》1959年1期

[3] 蒋玄怡，《中国绘画材料史》，上海书画出版社（1986）

[4] 郎绍君主编，《中国书画鉴赏辞典》，中国青年出版社（1988）

[5] 陈大川，《台湾纸业发展史》，台湾区造纸工业同业公会（2004）

[6] 杨巨中，《中国古代造纸史渊源》，三秦出版社（2001）

第2章
手工纸的生产

2.1　概述

　　手工纸的生产，包括对原料的选择、流程的安排、具体的工序等内容。就生产过程来说，依各地情况如原料种类、生产条件、纸工习惯而大同小异。至于具体操作也没有固定成文的工艺规程，只是由纸工口手相授，一代一代地传承、绵延下去。

　　本章主要介绍几种手工纸的生产过程和工序解释，如果初读时不很明白，可以粗略地浏览一下。等到读完第5章至第10章之后，再回头来看，理解的程度有可能会不一样。实际上，简单点说造纸的全过程可以划分两大步骤：第一步就是把整体的植物原料分开变成一根根纤维；第二步就是将单个纤维交织合并成为一页页纸张。采取不同的打浆方式而做成不同性能的纸种。

　　各个纸种的品质（量）要求不一，原来的流程中主要是按传统的路子，各地均有不同程度的改变。这种改变属于应用中"有规律的自由动作"，并不具有创造性、新颖性、专用性，只是传统手法的某些小变化而已。因此，中国手工纸中的传统技艺，已经成为我国的社会共有财富，是不可以窃为私有，随意作为申请个人发明专利的。

　　有鉴于此，综观各地现有的手工造纸技艺，大体上都沿用了明代宋应星（约1587—1655）在《天工开物·杀（shai，音晒）青》中所记载的方法。杀青篇中有五幅造纸插图（不知绘者是谁），是十分珍贵的资料。现存的有明朝和清朝两种版本。明崇祯十年（1637年）初刻本的线条简洁（图2-1）；还有清朝的仿绘本线条细腻（图2-2）。内容有：一斩竹漂塘（备料）、二煮楻足火（蒸煮）、三荡料入帘

1. 备料　　　　　　　2. 蒸煮　　　　　　　3. 捞纸

4. 压榨　　　　　　　　　　　　5. 烘干

图2-1 《天工开物·杀青》图的明刻本

斩竹漂塘（备料）

煮楻足火（蒸煮）

荡料入帘（捞纸）

覆帘压纸（压榨）

透火焙干（烘纸）

图2-2 《天工开物·杀青》图的清绘本

图2-3 《天工开物》中欠缺后补充的打浆图

（捞纸）、四覆帘压纸（压榨）、五透火焙干（干燥）等。以专业眼光来看，遗憾的是书中尚缺少一幅描绘打浆的插图。后来，在台北出版的《中国造纸术盛衰史》一书中 [1]，有了补充（图2-3）。

所谓"杀青"一词最早源于先秦时代，它有一个演变的过程。起初，人们拿竹片（后来称为竹简）来当作记事材料，在上面刻字。但是，竹子外面的青皮很光滑、水分大，用小刀刻写不易。于是想出了一个办法：把竹片放到火上烤干，这个工作叫做"杀青"或"汗青"（水分流出）。到了秦代时，人们免去了刀刻记事，大量地采用毛笔沾漆墨写字。在定稿时，削掉竹青，在竹片上书写，便把这一道手续也叫杀青。于是杀青就意味着"定稿"或"完成"之意。再后来，汉代发明了造纸，纸张成为物美价廉、人人爱用的书写材料，于是"杀青"又被引伸成为"造纸"的代名词。

在《天工开物·杀青》篇中，也用了较多的文字来具体介绍这道工序。首先是纸槽里加进的清水量应该高过放入的竹浆量三寸左右（约7~8cm），这样就能稳定纸槽里的纸浆浓度。换句话说，竹浆和清水的比例应该稳定在一定的范围，太浓、太稀都不合适。

---

1 陈大川，《中国造纸术盛衰史》，中外出版社1979年版，p233.

其次是在抄薄纸或厚纸时，注意捞法的区别，"轻荡则薄，重荡则厚"。当竹帘入槽的时候，如果帘面浅捞轻摆，帘面上留下的浆料少，形成薄纸；相反，如果帘面深捞重摆，帘面上留下的浆料多，形成厚纸。由此可知，传统的手工纸跟现代机制纸不同，纸的厚薄全靠捞纸师傅的手上功夫，那可不是短时间所能掌握的，要经过长时间的实践经验积累，才能胜任这项"掌帘"工作。

当然，还有一些是"活化石"，即补充该书中不足和遗漏。从技艺上说，手工纸的制浆造纸过程大多数是按照（1）备料，包括采伐、水泡、切断等，（2）制浆，包括沤料、蒸煮、洗涤、晒白等，（3）打浆，包括碓打、调料等，（4）抄纸，包括捞纸、压干、分纸、焙纸等4个大工序（72个小工序）来进行的。

我们所说的传统技艺并不是要死抱一成不变的"老古董"，而是随着时光的流逝，应该并且可能因势而变，因地制宜。只是对其中的核心技艺（如选料、打料、捞纸）要本着"严格、精细、优质"的原则坚持不变，才能传承下来。如果一定要从传统的技艺"跳出来"，对原有的土法制浆，也可以借用改进的现代碱法制浆来部分取代。但是，考虑到对环境的污染问题，自行蒸煮还不如直接购买碱法草浆（如龙须草浆、竹浆）或许更容易些。凡是能够减少体力劳动的工序，都可以借鉴现代半式或全式机器来进行。须知，机械化生产的兴起，几乎都是手工操作的延长和继续。采取反向思维，或许会产生新的创意和构思。

下面分别介绍各种纸类，如麻纸、构皮纸（古称楮皮纸）、藤纸、桑皮纸、草纸、竹纸等的生产过程。宣纸属特殊纸种，其青檀浆和燎草的制法与上述纸种稍有不同，可另找有关宣纸的专著参考。

2.2　麻纸

古代以废旧麻为原料抄造的纸。三国时期董巴（200—275在世）写的《大汉舆服志》中载："东京（洛阳）有蔡侯纸……用故麻曰麻纸"。唐代《翰林志》中说，"并用白麻纸""用黄麻纸"等。根据考古发掘，自20世纪30年代以来先后在我国西北部地区出土了多种汉代时期的麻纸实物。

2.2.1　生产过程

备料→浸料→切料→碾料→浆灰→沤料→蒸煮→淘洗→净洗→漂白→打浆→打槽→捞纸→压榨→晒干→整理（产品：麻纸）。

2.2.2　工序解释

对上述工艺流程作如下说明：

（1）备料、浸料。麻纸的原料是破麻袋、破麻布、旧麻绳、废麻头等，它们多半是从本地或外地收购而来的。把这些破旧废麻料物，经过除去污垢、沙泥等杂质之后，放入水中浸泡10~20分钟。其目的是备料时避免尘土飞扬、损坏加工用具。

（2）切料、碾料。将浸好的麻袋片等从水中取出、理顺，用"麻斧"在槐木墩上把它们剁成1~1.5cm的短片。然后置入地碾槽，加适量清水，以畜力（毛驴）带动"碾轮"（或电机牵引），碾压60~120分钟。取出麻料用清水洗涤，以充分除去污物。

（3）浆灰、沤料。再把麻料放进地碾槽内，加入石灰稠液（生石灰经过消化、过筛、去渣后的白色浆液），碾压20~30分钟，务使麻料全被"涂白"为止。然后取出，集中堆放在石板上"洒石灰"（石灰用量是对风干麻料的25%~27%），称为"灰腌"或沤料。沤料时间，夏季堆放10天，春秋季20天，冬季30天左右。

（4）蒸煮、淘洗。经过灰腌的麻料带灰送入常压蒸煮锅中的木篦子上，汽蒸2~4小时，锅底应保持一定的水面，队止锅水烧干。熄火后，焖锅12小时（或静置过夜）。启锅，对麻浆只需用一定量的清水（麻料量的1/5）稍加洗涤，按经验，麻浆中保留约15%的灰浆是合适的。再把麻浆拍成"料团"，装入淘筐内，送到流水河边清洗。此时应以木棍搅打料团，使其分开，让灰渣等杂质从筐缝流走。待麻浆呈浅黄色，提起淘筐、滤水、沥干，再以人工挑选出粗大片、浆疙瘩等。如有筛浆机，再经过筛浆，除去纤维束等，做成"浆饼"，备用。

（5）净洗、漂白。若需制取漂白浆，还要进一步用水清洗干净。其后，把麻浆挤干，用热水调整其浓度到5%，用次氯酸钠作漂白剂，漂率为3%~5%，温度38~40℃，时间7~8小时，白度一般可达75%~80%。漂后，麻浆用水多次洗涤，直到无残氯为止。若只制作本色浆，此段工序可以略去。

（6）打浆。洗完后的麻浆，再用电动碾磨机（或其他设备）进行打浆，打浆度控制在32~35°SR（参见第7章7.8节）。如无测定仪器，可用一木桶盛满清水，把经过打浆完毕后的麻浆取一小勺，洒布桶内水面上，视其飘浮分散和纤维下沉的状况，来确定成浆与否。后一操作需要积累相当的经验后才能掌握，非一日之功。

（7）打槽。先在纸槽中加入占容积量3/4的清水，再放入浆饼（用手分开成小块）。依其槽的大小由一人或两人手执长竹不停地搅动，这叫做打槽（又称搅槽）。其目的是，务必使纸槽中的纤维均匀分散，以利下一个工序顺利进行。与此同时，还需要加进纸药

（其量约为浆量的3%）。继续搅动，直至槽内呈现均匀地"浆水合一"的状态为止。打槽完了，让槽内水面停置2小时后，方可开始捞纸。

（8）捞纸。这是手工造纸的关键技术之一（有多种技法，参见本书第8章8.1节）。

（9）压榨。成叠放置的纸帖，含有多量的水分。为了有效地得到"干纸"，必须先用机械的方法挤出水分。使用在不损坏湿纸页的前提下，以"加重力"（可以有多种）方式压出纸中多余的水，这就叫做压榨。

（10）晒干。经过压榨后的湿纸页（纸中含有的一部分水，用压力是除不去的），从边角上把它们一张张分开，用毛刷涂刷到向阳的石墙上，经过太阳晒干，从墙上揭下来。

（11）整理。揭下来的麻纸，用剪刀切边，再叠齐、打包即告完成。

2.3　楮（构）皮纸

以楮（chu，音楚）皮纤维抄造的纸，故称楮皮纸，亦名构皮纸、榖（gu）皮纸。南北朝陶弘景（456—540）《名医别录》载："楮，即今构树也。南人呼榖（简化为谷，存疑）纸，亦为楮纸。武陵（今湖南常德）作榖皮纸，甚坚好尔"。北魏贾思勰（473—554在世）《齐民要术》（544年成书）曰："楮宜涧谷间种之，地欲极良。秋上楮子熟时，多收净淘，曝令燥……指地卖者，省功而利少，煮剥卖皮者，虽劳而利大，自能造纸，其利又多。"

2.3.1　生产过程

砍伐→取皮→浸泡→浆灰→蒸煮→洗料→碱蒸→漂洗→选料→舂捣→清洗→打槽→加药→捞纸→压榨→分纸→焙干→整纸（产品：构皮纸）。

2.3.2　工序解释

对上述工艺流程作如下说明：

（1）砍伐、取皮。楮树即构树（同树，不同名），在每年3~5月间，上山采伐构树，截至一定长度（1.5~2.0m），用小小明火烘烤树枝约10分钟，从根部用手一拉，即可脱皮，再将树皮晒干、扎捆。

（2）浸泡、浆灰。把成束的树皮打开，放入河水中浸泡，其目的是进行天然脱胶。夏季泡2天，冬季泡4天。在浸泡过程中，时不时可用手搓洗树皮。洗净的树皮，拉到石灰池旁边，再扎成捆，在石灰池内沾上浓石灰浆，备用。

（3）蒸煮、洗料。把成捆的树皮放进"纸甑"即楻桶（地区方言，指手工造纸的通用制浆设备）。楻（heng，音横）内第一次蒸煮72小时，边蒸煮边加水。保持温度100℃。冷却，把树皮从纸甑中一层层地取出，在淡石灰水过一下，重新装入纸甑内。不过，要注意原来在上层的放到下层，原来在下层的放到上层，进行第二次蒸煮（时间为24~36小时），使之完全蒸透。此时的树皮由硬变软，成为皮料。蒸好的皮料放入河里进行流水冲洗，夏季洗3天，冬季洗7天。洗掉石灰和其他杂质，再经捶打皮料由黄自然变白了。

（4）碱蒸、漂洗。洗好的皮料拌上"地灰"（地区方言，即草木灰），再放进纸甑蒸煮24小时，则得到熟皮料，这叫做碱蒸。然后，把熟皮料放入河水中漂洗，除去地灰残渣，便得到洁白、柔软的皮料纤维。

（5）选料、舂捣。将皮料纤维榨出水分，进行手工挑选，拣出杂质，撕细纤维。再利用"土碓"对皮料纤维进行"打料"，可以使用脚碓或水碓，捶打至呈泥浆状为止。

（6）清洗、打槽。将碓打过的皮料纤维装入长长的布袋内，再次进行清洗。布袋内插有一把长约1.5m的料耙，袋口用绳扎紧，料耙可以来回抽动，以起到搅动、揉洗纤维之作用。清洗后的纤维从布袋倒出，抱成浆团，备用。把浆团放入纸槽中，按需要加入清水，以木棒搅动槽水，使纤维分散成棉絮状，叫做"打槽"。

（7）加药、捞纸。打槽后，按一定的比例加兑"滑药"（地区方言，即手工纸药），浆水调匀，再由一人执纸帘（竹帘）（或两人抬帘）进行捞纸。每人每日可捞纸600~700张。

（8）压榨、分纸。将捞起的湿纸一张张贴到压纸架上，厚成一摞名为"纸帖"。在纸帖上盖以木板，压以重物，静置一夜，榨出多余的水分。次日，用小镊子分开纸帖，平摊到木架子上。

（9）焙干、整纸。从纸架子上取下单张纸，用棕毛刷刷在火墙上，墙面温度控制在40~60℃。待纸焙干，然后加以整理完成。

2.4　藤纸

　　藤纸，晋代名纸之一，以青、葛藤纤维为原料抄造的纸。晋代张华（230—300）《博物志》载："剡（shan，音善）溪古藤甚多，可造纸"。唐代李肇（791—830在世）在《翰林志》中记述："凡赐与、征召、宣索、处方、曰诏，用白藤纸。"又据《元和郡县志》称："余杭县由拳山，旁有由拳村，出好藤纸"。很遗憾，没有找到藤纸到底是什么模样。

2.4.1　生产过程

　　斩藤→切条→浸泡→浆灰→发酵→洗料→踏料→水洗→打料→入槽→抄纸→晒干→整纸（产品：藤纸）。

2.4.2　工序解释

　　对上述工艺流程作如下说明：
　　（1）斩藤、切条。浙江嵊县、余杭、婺州（今浙江省金华市）等地盛产古藤（青藤或葛藤），沿曹娥江流域，水源丰富。藤枝缠徊，需要斩断，再进行理顺，切成一（晋）尺左右的长度，扎束。
　　（2）浸泡、浆灰。在河水中，将成束的藤条浸泡，上边压有石头，周边砌有栏堤，防止藤条流走。浸泡两三个月之后，藤条变软。把成束的藤条放入石灰池内，历时半日或一夜，务必使浆灰沾满藤条。

（3）发酵、洗料。再将藤条从石灰池中取出，置入铺有稻草的泥地上，成束堆积，再淋些石灰浆，预部覆盖稻草，夯实。此为发酵处理，夏季1~2月、冬季4~5月，至藤条呈泥浆状为度。再将藤浆投入萝筐内。

（4）踏料、水洗。将萝筐移至水坑内，以脚踏藤浆，选出粗大片和杂质。然后再加清水反复洗涤，直到藤浆干净为止。另用手掐成藤浆饼，备用。

（5）打料、入槽。把藤浆饼放在硬木板上，用木板大力拍打，少者几百次；多者上千次，使藤浆饼分散到呈泥浆状。在纸槽中加进清水，同时把藤浆放入，用木杆不停地搅动，使槽内浆料分散均匀。然后进入下一道工序。

（6）抄纸。目前，虽然尚不能最后确定藤纸是采用浇纸法还是捞纸法来制取的。但笔者认为以"一帘一纸"的可能性较大。唐代陆龟蒙（？—889）有诗曰："宣毫利若风，剡纸（即藤纸）光于月"。由此可知，该纸必定洁白而且至少一面是平整、光滑的。

（7）晒干。将纸帘放在阳光下晒干，待纸干透后从纸帘上揭下。

（8）整纸。按藤纸的大小切齐，包扎成捆。

2.5 桑皮纸

桑皮纸是使用桑皮纤维为原料制成的一种皮纸。纸质柔韧有劲，拉扯不易断裂。宋代米芾（fú，音伏）（1051—1107）在《十纸说》（又称《评纸帖》）中记述："河北桑皮，白而漫，受糊浆搋成，佳如古纸，余得自淮阳守，糊背二幅，搋亦颇佳，仍发墨彩"。桑皮纸依产地不同，有河北迁安的高丽纸、新疆和田的桑皮纸等。

2.5.1 生产过程

采枝→剥皮→拣料→淹料→灰沤→蒸煮→洗料→踏料→浸料→打料→入槽→捞纸→榨干→焙纸→整纸（产品：桑皮纸）。

2.5.2 工序解释

对上述工艺流程作如下说明：

（1）采枝、剥皮。秋冬时节，桑叶采尽，剩下的桑树的枝条是造纸的好原料。用砍刀伐倒，采取桑枝，扎捆。然后，将成捆的桑枝放入蒸锅，加热。利用蒸汽使桑皮与桑枝松开、脱离，冷却后以人工剥下桑皮，晒干，备用。

（2）拣料、淹料。将干桑皮用木槌拍打，人工剔除其上的黄褐色外壳、粗束等。再把桑皮扎束成捆，放入河水中浸淹两天，使桑皮受水泡软。

（3）灰沤、蒸煮。从河中取出淹泡后的桑皮，运到石坑内。逐层撒入生石灰，最后加清水，沤料1~2天。待桑皮灰沤后，用铁钩提取送入"纸甑"（楻桶）内，适当加入土碱，以大火加热蒸煮12小时，再焖锅一天。

（4）洗料、踏料。从纸甑中取出桑皮浆，堆放在有清水流动的浆池内。从排水闸口流出污水，桑皮浆由黄色变为浅白色。再移到脚舂，不断地踏料，反复踏打至少500次，使纤维束松散开来。

（5）浸料、打料。把桑皮浆再放入水池清洗，卷成一个个橡子粗的浆团，压干，便成"浆饼"。然后在切皮床上用木棒砸打成1.5寸宽的皮条，以刀切条成小块，继续拍打。又将皮块置于石槽，加水和匀。二人各握捣锤，反复捣碎，直至浆料分散如絮状。

（6）入槽、捞纸。捣好的桑皮浆即可按量送入纸槽中，同时，可由一人或两人手执长竹竿搅动槽内的浆与水，加些纸药，不停地搅动，让槽内纤维在水中均匀地分散开来。小纸由一人单独捞纸；大纸则需两人共同操作。

（7）榨干、焙纸。抄成的纸帖送去压榨机榨干。分纸后进行焙纸，一般是利用火墙进行干燥，也有用钢板干燥器干燥的。视具体情形和条件而定。

（8）整纸。干后的桑皮纸，一张张叠起，随后用剪纸刀切边。最后是按100张合成一刀进行包装。

2.6 草纸

宋代苏易简（958—996）《文房四谱》中说：浙人以麦秆、稻草造纸，此名为泛称，即采用草类纤维抄造而成的纸。纸质比较一般，平滑、细腻的程度差，用途也不广。但它有别于供卫生用的"手纸"，前者更为粗糙。草纸的品种多而杂，常见的手工造土纸、火纸、坑边纸、香事草纸等多用稻草为原料，少用麦秆。

2.6.1 生产过程

捆料→堆置→牛踏→翻料→灰腌→洗料→碓打→入槽→捞纸→榨干→揭纸→晒纸→整纸（产品：草纸）。

2.6.2 工序解释

对上述工艺流程作如下说明：

（1）捆料、堆置。将稻草除去根、穗后，留下稻茎扎捆。然后，把稻捆用水泼湿，逐层堆积，确保含水量达30%左右。最终在顶部和周围包盖上干燥稻草，并用泥土封贴。堆置10天左右，内部会自行发热，并起发酵作用。

（2）牛踏、翻料。将稻草捆移到踏料场上，牵进耕牛，以牛蹄踏碎。与此同时，人工翻倒稻草捆，使草秆的表皮组织遭受破坏，草身变软，以利于吸收石灰液。

（3）灰腌、洗料。用石灰加水制成石灰液，其用量为占稻草重量的20%～40%。把稻草捆放入石灰液中浸透,再堆积起来发酵,时间为1个月(其间需翻堆2~3次,使发酵作用均匀)。待成熟后即成草料(手指能把纤维捻开),把草料装进布袋里,送到溪流中冲洗,直至流出清水时为止。

(4)碓打、入槽。洗干净的草料做成草饼,经过水碓打浆成泥状。随后放入纸槽中,由人工用长竹竿不停地搅动,使草浆均匀地分散其中。

(5)捞纸、榨干。抄草纸使用的纸帘(竹帘)比一般的小一些,帘框分为2格或4格,故一次可生产2~4张小纸。捞纸操作与一般竹纸不同,叫做二出水法。抄成的纸放在木板上,积累数百上千张为一纸帖。再把纸帖送到木榨机上榨干。

(6)揭纸、晒纸。纸帖经榨干后,以30~40张为一小摞,取下后由女工来揭纸。把这一小摞湿纸小心地微曲,便于分开。然后,由下而上揭开(竹纸则反过来,由上而下揭开)。揭下的纸每5张叠在一起,边缘对齐,放在地上晒干,收起时草纸会自行分开。

(7)整纸。将干后的草纸对齐,按需要另行切边、包装。

2.7　竹纸

竹纸为我国古代纸名之一，以竹纤维为原料抄造的纸。宋代施宿（约1147—1213）在《嘉泰会稽记》中称："竹纸，滑，一也；发墨色，二也；宜笔锋，三也；卷舒虽久，墨终不渝，四也⋯⋯"。竹纸的品种很多，如毛边纸、毛泰纸、连史纸、玉扣纸等。

2.7.1　生产过程

选料→伐竹→刮青→浸泡→槌破→灰腌→堆置→蒸料→洗料→拣料→浸洗→碱煮→洗料→发酵→洗料→漂白→洗料→打料→捞纸→压榨→分纸→烘干→整理→打包（产品：竹纸）。

2.7.2　工序解释

对上述工艺流程作如下说明（现以用嫩竹为原料举例）：

（1）选料。竹多生长于山里，每当"节届芒种"（即阴历夏令节气，阳历6月上旬），进山选竹，看看山中竹林生长的情况。深山不向阳（竹子长得慢）可晚点砍；浅山向阳（竹子老得快）要早点砍。砍竹过早，纤维太嫩，流失必多，颇不经济。砍竹过迟，又嫌太老，纸质必粗，影响销售。选料者必是具有经验丰富的"老纸农"。

（2）伐竹、刮青。"以将生枝叶者为上料"，则可砍伐。削除竹子枝叶，砍断竹竿的长度五尺至七尺。用弓形刀刮去青色外皮，再将竹竿打捆。

（3）浸泡、槌破。把竹竿扎捆就近泡入清水池中，竹捆用竹篾片相连，叠压数层，上边以大石头压住，不让竹竿浮起。在水中浸泡3个多月，使青皮发酵溶解竹中的果胶等杂质。再将竹捆从池中拖出，放在厚青石板上用铁槌击打竹竿，使其破裂。并用水冲洗掉粗壳、竹节和青皮，再截断长度为一尺，此即是竹料（亦称竹麻）。

（4）灰腌、堆置。在化灰池中倒入石灰，用竿搅拌成均匀的石灰乳液。然后，将成捆的竹麻放入其中，浸泡1天，务使石灰浸入竹麻内。将浸有石灰的竹麻取出，整齐地堆放在平地上，准备堆置发酵。用稻草将料堆盖好，防止日晒雨淋。发酵时，竹麻堆内自然生热，使一部分非纤维素物质分解。为使发酵作用均匀，堆置3天后要"倒料"一次（将堆上方与下边的竹麻互相换位）。再堆置发酵3~4天，如竹麻变软即可进行蒸料。否则，继续延长发酵时间。

（5）蒸料、洗料。把发酵后的成捆竹麻一层层地装入楻锅（即楻桶）内（装满后留出9个通气孔），加盖封妥。再锅下烧火，使锅里水沸腾产生蒸汽。蒸料时间约1/2~1天，视气候冷暖而定。停火后暂不打开，闷锅1天。将蒸好的竹丝从锅中取出，由锅旁斜放的木板滑道溜到洗料池内。用铁钩钩住竹丝不停地摆洗，洗完1次，放掉污水。再换清水继续洗涤，如此数次，直到竹丝上无灰渣为止。

（6）拣料、浸洗。洗好后的竹丝，由人工进行挑选，把未蒸好的粗料及皮壳等除去。如发现未散开的竹丝块，必须取出放在石板上用木锤槌打。然后，将拣好的竹丝再次放入洗料池，灌满清水，经过3天、三次换水浸洗，把黄水流尽。再将竹丝扭成麻花形的小束把，进入下道工序。

（7）碱煮、洗料。碱煮，在楻桶中放入干竹丝重量5%~6%的纯碱（碳酸钠），加水溶解。再以纯碱重量60%的石灰进行苛化，所得到碱液（氢氧化钠）分批地处理竹丝1小时。

取出上述竹丝放入洗料池内，用流水冲洗1天。使竹丝滤出的水没有黄黑色，然后把竹丝取出，除水，备用。

（8）发酵、洗料。把洗好的竹丝放在发酵桶内，用烧沸的开水冲泡，水面应盖过全部竹丝。加盖密封，促进发酵作用。2天后，排出污水，把桶内的上下部竹丝互调位置，再加开水，继续发酵。发酵时间，夏季约10天、冬季约30天。将发酵好的竹浆，根据每日捞纸的需要量，用簸箕投入布袋内，以流水洗涤。

（9）漂白、洗料。竹浆洗净后，放进漂白池里，再把早已溶解并澄清的漂白粉溶液加入。漂白粉用量为风干浆量的10%~20%，漂白时间为2~4小时。漂白完毕后，再用清水洗涤竹浆。竹浆的收获率约为50%（对风干竹丝计）。

（10）打料（打浆）。过去，一般用脚踏杵捣进行打料，因劳动强度大，生产效率低，弃而不用。后来改用水碓舂浆、电动石碾或打浆机进行打料。打浆机由电力拖动，其操作条件是：纸浆浓度为4%~5%，刀辊转速100转/分，打浆时间1~2小时，每次打干浆量为30~40kg/台。

（11）捞纸。捞纸前先把竹浆和水放入纸槽内，用木棍不停地搅拌，使浆料均匀地悬浮起来。如发现有粗筋等，必须用竹叉捞取出去。槽内的浆料浓度视纸的品种和厚薄而不同，捞薄纸的浆浓为0.3%~0.5%；捞厚纸则为0.8%~0.9%。捞纸是一项重要工序，抄一般纸时不必加"纸药"。抄书画纸时添加纸药。捞纸常用的是采取在纸帘（竹帘）上进行摆浪操作，有所谓"二出水法"和"四出水法"。

（12）压榨。把湿纸帖搬到平板车上，送到木榨机上进行压榨。压榨的目的是，除去湿纸多余的水分，增加纸页的紧度，以便于分纸以及节省烘干纸张的燃料。木榨机是利用杆杠原理，压出水分。加压时掌握压力慢慢加大，不可过猛，否则因水流过快而会使湿纸爆破。榨水时间为1小时左右。纸帖的含水量以70%者较为合适。

（13）分纸，俗称"牵纸"，是把经过压榨后的湿纸帖，一张一张地分开，以便下一步烘纸。分纸的方法是，把湿纸取一块放在分纸架上，用手指分松纸边。然后，用小镊子将纸的一角牵开。用手顺着湿纸方向轻轻揭起，每几张（视烘墙幅面一次可贴上纸的张数情况而定，如6张、9张等）合成一叠，供烘纸用。

（14）烘干。烘壁内烧火（劈柴，每吨纸耗4~5吨；煤，则耗2~3吨），外壁用白灰等材料修刷平整，刷纸前利用大米浆涂上一层。湿纸自烘墙一端用毛刷贴刷至壁上，用力要轻要匀，按一定的刷路从上起以人字形顺面刷下，最后用毛刷把纸左边刷平。刷完1张后，再按同样操作向下顺序刷第2张，依次向另一方向移动。再刷，直排3张，每壁面可刷直向9排，每直排可刷3张，共刷27张。纸的干燥时间为10~20分钟，纸干后揭起一角，按次序由壁上取下，理齐成堆。再做第2次，如此循环。

（15）整理。把纸送至成品车间，要逐张检查，将不合格品剔去。按规定理齐纸张，点数，切边。

（16）打包。将成品用包装纸或包装盒装好，贴上商标，即运入库房。

参考书目

[1] 王菊华主编，《中国古代造纸工程技术史》，山西教育出版社（2005）

[2] 戴家璋，《中国造纸技术简史》，中国轻工业出版社（1994）

[3] 殷舒飞，浙江省木本韧皮纤维造纸史稿，《浙江造纸》1990年增刊（总第54期）

[4] 刘仁庆，《中国古代造纸史话》，轻工业出版社（1978）

[5] 四川手工业生产合作社联合社编，《四川手工纸生产经验》，重庆人民出版社（1958）

[6] 上海社会科学院经济研究所，《中国近代造纸工业史》，上海社会科学院出版社（1989）

第3章
手工纸的原料

3.1 概述

　　手工纸所用的原料，十分广泛。从古到今，大凡植物纤维皆可用于造纸，致使拓宽了纸的原料的更多来源。手工纸中最先使用的是麻类，计有大麻、苎麻、亚麻、苘麻（又名青麻）、黄麻等。有的地方还使用一些野生麻（如罗布麻、老虎麻、芭草麻）。我国幅员广大，各地的环境、资源、条件差别悬殊，只能因地制宜地发展手工造纸业。西北地区多用大麻，南方各地则用苎麻。过去，是采用废旧麻织物（如麻袋、麻衫、麻鞋），但因来源日渐减少，故其后又以使用生麻缕（从麻茎剥皮、粗加工后的产物）者居多。

　　麻类植物中以苎麻纤维最长，亚麻次之，大麻再次，黄麻最短，但大多数还是比别的植物纤维只有1~3mm者要高得多。正因为麻类纤维的长度比较长，抄成纸后的拉力强度则比较高，同时大麻、苎麻、亚麻中含有木素极少，又有适量的果胶，所以制浆比较容易。惟有水麻、苘麻中含有的木素高达30.09%、15.42%，需用高碱量蒸煮方能成浆。

　　除了麻类，还有树皮类、草类、竹类和其他纤维等。树皮纤维包括楮皮（构皮）、藤皮、桑皮、青檀皮、雁皮、三桠皮、木芙蓉（皮）等。在这些原料皮中以青檀皮的质量最优，其次是桑皮和构皮。至于藤皮、木芙蓉皮早已失传，而雁皮、三桠皮因资源较少，难以大量采用。

　　草类有稻草、麦草和龙须草。现在，在手工纸生产中比较常用的是稻草、龙须草，而麦草多用于制造机制纸。竹类的品种虽然甚多，但是由于竹的用途很广，大多数只使用的是毛竹、慈行、西风竹。其他纤维——如狼毒草、菠萝叶的来源较少，只能起到一点辅助作用。

3.2　麻类

3.2.1　大麻

○大麻（Hemp）是桑科大麻属的一年生草本植物（图3-1）。

○学名：*Cannabis sativa L.*

○别名：火麻（四川）、汉麻、井麻、线麻、魁麻、老黄麻、小麻子（陕西）等。

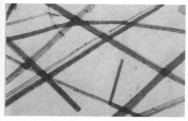

图3-1 大麻外形及其纤维形态

○主要产地：山东、山西、河北、陕西、四川、吉林、新疆等。

○植物学特征：大麻茎秆直立，高约2~3m，茎粗3~5cm，茎秆由韧皮部、木质部和髓心组成。叶对生，小叶片细长而尖，边缘有锯齿，争淡绿色。花期为夏天，花粉较多。中医用大麻的果实（称火麻仁或大麻仁）入药，主治大便燥结。变种印度大麻（*var. indica*）的叶、种子及茎中含大麻脂，吸用后影响中枢神经系统，是一种毒品。

○纤维形态：大麻纤维细长，末端扁平，有时呈叉形，细胞壁上有横节。（平均）纤维长度16mm、纤维宽度0.018mm、长宽比[1] 889。

○化学成分：纤维素[2] 69.51%；

木素[3] 4.03%；

多戊糖[4] 4.91%；

果胶[5] 2.00%；

苯醇抽出物[6] 6.72%；

NaOH（1%）抽出物[7] 30.76%。

○加工：古代对原生大麻的处理，十分简单。把大麻砍伐后，扎成一束，在屋檐下吊起，风干，备用。

3.2.2　苎麻

○苎麻（Ramie）是越年重生苎麻科、苎麻属草本植物（图3-2）。

○学名：*Boehmeria nivea*（L.）Gaud

---

1 长宽比：从统计学上对造纸用的植物单根纤维之平均长度与平均宽度相除的结果，无量纲。用以表示纤维交织时可能的最优机率，一般参考值是60~120。此数字过小或过大均不理想。

2 纤维素：一种天然的、属于有机糖类的、构成植物细胞壁成分之一的化学物质。它是由β-D-葡萄糖基以1, 4-苷键所组成的直链高分子化合物，聚合度很高。在所有的高等植物体中都存在纤维素，并且与木素、半纤维素等其他化合物一起伴生。许多纤维素聚集起来的外观表现即呈细微条形的纤维状。

3 木素：组成植物细胞壁的化学物质之一。它主要存在于次生壁、胞间层中。木素是一种属于芳香族特性的、具有苯丙烷结构的高分子化合物。它与纤维素、半纤维素等成为伴生物。木素又称木质素。

4 多戊糖：由木糖和阿拉伯糖组合的五碳糖，广泛地分在于植物体内，根据其含量高低可以大致推测半纤维素的多少。

5 果胶：一种能够形成含水50%的糖类凝胶性物质。

6 苯醇抽出物：以苯和乙醇（两者的比例为67%和33%）的混合液加热回流处理植物原料试样，被溶解出来的那一部分沉出物。抽出物的多少，反映出原料中含有树脂量的高低。

7 NaOH（1%）抽出物：即植物原料经过百分之一氢氧化钠溶液的抽提作用所得到的沉出物。此沉出物中有少量木素、多戊糖和树脂等成分。它在一定程度上可以说明该原料受到光、热、氧化或细菌作用后而发生变质的程度。

图3-2 苎麻外形及其纤维形态

　　○别名：又称中国草（China grass）、刀麻、乌龙麻、绿麻、紫麻、苎仔。

　　○主要产地：四川、湖北、湖南、江西、广西、贵州、陕西等。

　　○植物学特征：苎麻为直立、分枝草性同株的灌木，茎高2~3m，径粗1~2cm。枝、叶上均有柔毛，叶互生，有长柄（4~10cm）。生长时，茎色由浅绿到深绿，成熟时，由绿色变为褐色。

　　○纤维形态：纤维特长，细胞横切面呈圆形或椭圆形，细胞壁较厚，形成层状，并有横节。（平均）纤维长度103mm、纤维宽度0.030mm、长宽比3433。

　　○化学成分：纤维素 82.81%；

　　　　　　　　木素 1.81%；

　　　　　　　　果胶 3.41%；

　　　　　　　　灰分[1] 2.93%；

　　　　　　　　冷水抽出物[2] 4.08%；

　　　　　　　　热水抽出物[3] 6.29%；

---

1 灰分：植物原料试样经过灼烧后，有机物挥发掉，剩下的各种无机物残渣叫做灰
　分。草类原料的灰分中含有的钾、钠盐较多。
2 冷水抽出物：将造纸植物原料试样放置在冷水（23±2℃）中浸泡48小时后，所溶解
　于水的那一部分沉出物。此部分数量甚少。
3 热水抽出物：加热沸水，不断地浸泡放置在抽提器内的植物原料试样，4小时后测定
　其沉出物，其成分主要是果胶、单宁、色素等。

NaOH（1%）抽出物16.81%。

○加工：通常原生苎麻为纺织原料，可做夏布、帆布、地毯等。只是采用其废旧麻的制品来造纸。将废旧苎麻先放在水中浸泡1小时，然后取出用斧剁成8~10cm的小段，再拌以石灰进行发酵处理。

3.2.3 亚麻

○亚麻（Flax）是一年生草本植物（图3-3）。

○学名：*Linum ustiatissimum* Linn.

○别名：鸦麻、胡麻（甘肃）、野芝麻、土芝麻、大芝麻（四川）。

○主要产地：河北、甘肃、四川、山西、宁夏、新疆、青海等。

○植物学特征：亚麻茎秆约高1m，直径较细仅1~3 mm，小枝上有绒毛。叶为披针形，长6~16cm，边缘有细锯齿。叶表面粗糙有皱纹，背面布有白毛绒。亚麻有三种：①皮用亚麻；②油用亚麻；③两用（皮、油用）亚麻。

○纤维形态：亚麻纤维呈圆筒形，末端渐尖，其表面有横节，节之粗细不一。（平均）纤维长度14.37mm、纤维宽度0.017mm、长宽比845。

图3-3 亚麻外形及其纤维形态

○化学成分：纤维素 52.31%；

木素 19.42%；

灰分 2.07%；

冷水抽出物 5.21%；

热水抽出物 7.19%；

苯醇抽出物 2.58%；

NaOH（1%）抽出物 26.60%。

○加工：造纸上常用的为皮用、两用亚麻之废旧物，极少使用油用亚麻。

3.2.4 黄麻

○黄麻（Jute）是一年生的热带和亚热带草本植物（图3-4）。

○学名：*Corchorus capsularis* Linn.

○别名：绿麻（中国台湾）、铁麻、草麻、铬麻。

○主要产地：浙江、江苏、广东、广西、四川、福建、台湾等。

○植物学特征：黄麻茎高1~3m，直径3cm，茎秆呈圆形或椭圆形。叶呈卵状披针形，长5~12cm、宽2~5cm，基部圆形，边缘有尖齿。

○纤维形态：纤维细胞的表面光滑，有的则出现横节，厚薄不

图3-4 黄麻外形及其纤维形态

一致，横断面为多角形，细胞壁有木质化现象。（平均）纤维长度2.14mm、纤维宽度0.017mm、长宽比125。

○化学成分：纤维素 65.32%；

木素 11.78%；

果胶 0.38%；

灰分 5.15%；

冷水抽出物 8.94%。

○加工：黄麻的品种各地不一，大多数分布在长江流域以南，如浙江、江苏、江西、湖北、湖南等地，注意选用同一种属的。植株伐后，可扎成小把，吊起晾干，备用。

3.2.5 水麻

○水麻（Edible Debregeasia ）是亚热带一年生灌木草本植物（图3-5）。

○学名：*Debregeasia edulis* Wedd.

○别名：滇荨麻（云南）、柳莓、水麻仔、麻仔。

○主要产地：云南、山东、贵州、台湾等。

○植物学特征：坡地小灌木，在溪流边、路边或森林的灌木层或溪流旁荫湿地均有生长，茎高约2.5~3.0m。叶部簇生，边缘有细齿，叶长约10cm，叶部表面为绿色，背面灰白色。

图3-5 水麻外形

○纤维形态：纤维长而细，且坚挺。平均纤维长度79.11mm、纤维宽度0.002mm、长宽比 395。

○化学成分：纤维素 35.53%；

　　　　　　木素 30.09%；

　　　　　　多戊糖 16.57%；

　　　　　　灰分 9.80%；

　　　　　　苯醇抽出物 6.30%。

○加工：每年6~7月间采伐，晒干后贮存、备用。

3.2.6　苘麻

○苘（qing，音顷）麻（China jute）是一年生亚灌木草本植物（图3-6）。

○学名：.Abutilon avicennae Gaertn

○别名：白麻（江西）、种麻、邱麻、桐麻（河北）、蠢麻（陕西）、青麻。

○主要产地：河北、陕西、江西、辽宁、吉林、河南、内蒙古等。

○植物学特征：茎杆直立，树高1~3m以上，茎叶及叶柄均有软毛。每年9~10月间开黄花，花柄比叶柄短。

图3-6 苘麻外形

○纤维形态：单根纤维比大麻、亚麻纤维短，细胞壁甚厚，平均纤维长度约3mm、纤维宽度0.029mm、长宽比118。

○化学成分：纤维素 67.84%；

　　　　　　木素 15.42%；

　　　　　　多戊糖 18.79%；

　　　　　　灰分 1.26%；

　　　　　　冷水抽出物 2.55%；

苯醇抽出物 11.87%。

○加工：每年初冬采集，晒干，备用。

3.2.7　罗布麻

○罗布麻（Bluish dogbane）是多年生草本植物，属夹竹桃科（图3-7）。

○学名：*Apocynum venetum* L.

○别名：野麻、红柳子（新疆）、红野麻（陕西）、茶叶花、羊肚拉角（山西）、扎哈麻（青海）。

○主要产地：陕西、新疆、青海、山西、甘肃、内蒙古等。

○植物学特征：茎高1~4m，直径为12cm，叶对生，具短柄，叶片呈长圆状披针形，长2~5cm，宽0.5~1.5cm，两面无毛。

图3-7 罗布麻外形

○纤维形态：纤维韧长，细胞壁甚厚，横断面呈多角形。（平均）纤维长度46.5mm、纤维宽度0.014mm、长宽比332。

○化学成分：纤维素 55.39%；

半纤维素（多戊糖） 6.92%~8.67%；

木素 3.41%~3.62%；

果胶 4.53%~19.96%；

灰分 1.36%~3.68%；

冷水抽出物 7.56%~14.32%。

○加工：罗布麻生长1.5~2年即成熟，不久开花、结果，茎秆即会复生。花期为6~7月，果期8月。此时剥取皮、叶，晒干。再由根部生长新株，再行繁殖。割麻期每年可行2次。

3.3　树皮类

3.3.1　楮皮

○楮树（Common papermulberry）属桑科，落叶乔木（图
3-8）。楮皮，又称构皮（Papermulberry bark）。

○学名：*Broussonetia papyrifera* L. Vent.

○别名：构树、谷树、榖树（河南）、楮桑、毛构、奶树（福
建）、纱树（广西）、柘树（云南）、当当树（山东）。

图3-8 楮（构）树及其纤维形态

○主要产地：河南、山东、陕西、湖北、江西、福建、广西、
云南等。

○植物学特征：树茎高可达5~10m，树皮呈暗灰色而光滑，小
枝有毛，有乳汁。树叶为单叶互生，叶呈阔卵形至长圆状卵形，长

7~20cm，宽4~8cm，叶脉明显，叶柄圆而有细毛。

○纤维形态：纤维细长与桑皮纤维相似，细胞腔极小，细胞壁厚且上面有明显的裂纹。纤维细胞壁上也裹有一层胶质膜，其量比桑皮少得多。（平均）纤维长度6.04mm、纤维宽度0.021mm、长宽比287。

○化学成分：纤维素 39.08%；

　　　　　木素 14.32%；

　　　　　多戊糖 9.46%；

　　　　　果胶 9.46%；

　　　　　冷水抽出物 5.85%；

　　　　　热水抽出物 18.92%；

　　　　　NaOH（1%）抽出物44.61%。

○加工：每年12月至次年2月间，将砍伐的树枝放在明火旁灼烤10分钟，然后从根部用手一拉，即可把构皮剥脱。再用小刀刮掉外硬皮，置于地上晒干，扎捆，备用。

3.3.2 藤皮

○藤树（Liana）均为野生豆科类藤本植物（图3-9）。藤皮（Lianous bark）。

○学名：*Pueraria pseudohirsuta* Tang et. Wang

○别名：野葛（浙江）、葛麻（湖北）、葛藤、大葛藤根（江苏）、葛根（湖南）。

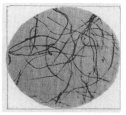

图3-9 藤树及其纤维形态

○主要产地：浙江、江苏、湖北、湖南、江西等。

○植物学特征：生长于丘陵地区或疏林中，海拔300~1500m
处，藤长达8m，植株密布金黄色硬毛。块根肥大，直径20cm，富含
淀粉。羽状复叶互生，小叶呈阔卵形，长约7~15cm，先端渐尖。

○纤维形态：（平均）纤维长度1.75mm、纤维宽度0.014、长
宽比125。

○化学成分：纤维素 41.3%；

　　　　　　果胶 3.14%；

　　　　　　灰分 2.96%；

　　　　　　苯醇抽出物 4.16%；

　　　　　　NaOH（1%）抽出物 26.05%。

○加工：每年7~8月采集（此种植物生长稀少，采伐不易，数
量有限），将较嫩的藤子割除，去其侧叶，把藤枝束成小把，放在
竹木隔板上，以免底触污泥。浸没入水中浸泡，不能露出水面，以
免影响色泽。浸泡时间10~15天，其纤维能分离时从水中取出，用木
棒敲打，将外皮去尽。在日光下晒干，备用。

3.3.3 桑皮

○桑树（White mulberry）多年生乔木或灌木（图3-10）。桑
皮（White mulberry bark）。

○学名：*Morus alba* L.

○别名：家桑、野桑（安徽）、荆桑（湖南）、黄桑（江
苏）、麻桑。

○主要产地：河北、安徽、江苏、湖南、广东、四川、陕
西等。

○植物学特征：桑树茎高1.5~3.5m，树皮呈鳞状，无刺。叶有
柄，互生。叶中含有白色乳汁，果实名"桑葚（Shen，音甚）"，
紫红色，熟时味甜可食。

○纤维形态：桑皮纤维细长，细胞壁上裹有一层胶质膜，能够

图3-10 桑树及其纤维形态

反射光线，具有"光亮可爱"的特征。（平均）纤维长度7.18mm、纤维宽度0.015mm、长宽比479。

　　○化学成分：纤维素 54.91%；

　　　　　　　木素 8.74%；

　　　　　　　多戊糖 10.42%；

　　　　　　　果胶 8.84%；

　　　　　　　热水抽出物 2.39%；

　　　　　　　NaOH（1%）抽出物3.37%。

　　○加工：桑树皮分为表皮层（A）、青皮层（B）、韧皮层（C）三层。其重量比是A:B:C＝16.4%:20.5%:58.3%。将晾干的桑皮，除去A、B，保留C，即可获得更纯、更多的桑皮纤维。野生桑树因生长时间较长，其纤维的品质更佳。

3.3.4　青檀皮

　　○青檀树（Whinghackberry）为落叶乔木，其树的外观既似楮又似桑（图3-11）。青檀皮简称檀皮（Whinghackberry Bark）。

　　○学名：*Pteroceltis tatarinowii* Maxim.

　　○别名：白檀、纸檀、檀树。

　　○主要产地：安徽、湖北、陕西等。

图3-10 青檀及其纤维形态

○植物学特征：青檀主干2～4m，春季新发枝条，秋季落叶。青檀的生长习性是喜阳光，耐干瘠薄。每年早春或4月开花，8~9月果实成熟。秋季采种，第二年春季便可育苗，苗地可选择在湿润的石灰质土壤上。每年2~3月也可压条繁殖。青檀适宜长在石灰岩山地，是钙质土壤（石灰质）的指示植物。造林不受地形限制，沟沿、滩头、屋前、屋后都可种植。定植以株距为1.5m、行距为2m，每1亩（等于666.67m²）约种200株为宜。

○纤维形态：（平均）纤维长度3.56mm、纤维宽度0.013mm、长宽比273。

○化学成分：纤维素 58.67%；

　　　　　　木素　7.06%；

　　　　　　多戊糖 20.06%；

　　　　　　果胶　10.48%；

　　　　　　冷水抽出物 11.12%；

　　　　　　热水抽出物 15.47%；

　　　　　　苯醇抽出物　6.32%。

○加工：造宣纸所需要的是青檀的"树皮"，不是树茎而是枝条的树皮（常称青檀皮）。剥取青檀皮要在树皮由青绿色转变为黄褐色时进行。一般是实生苗在定植3年后即可取皮，剥皮须在冬至期间树叶落尽时，皮质最佳。当定植3年后，要从主干2m左右处截掉，使其顶部（即椿头）多生新枝条。砍条要把刀口切成"V"字形，刀口紊乱会损伤椿头，翌年少发新枝，严重时甚至不再生发新枝。以后，每2年可砍枝剥皮1次。在定植6~7年后取皮亦可，但不够理想。青檀在树形固定的情况下进入产皮盛期，韧皮纤维的品质和产量都能得到保证。取过皮的枝干可以编筐，或作薪柴用，树叶可以喂猪或饲养山羊。1年生的青檀皮，其韧皮纤维虽然较长，但皮薄，致使单位面积上的纤维相对含量较少，而且纤维强度差。在制浆时易流失，即使不流失的纤维也影响纸的质量。2~3年生的韧皮纤维品质最佳。生长4年以上的枝条，青檀皮因周皮加厚，纤维的长度反而变短，单位面积上的韧皮纤维的相对含量也减少了。这就是说，过嫩或过老的青檀皮都不能造出优质的宣纸来。

3.3.5　雁皮

○雁皮（Wikstroemia）为一种瑞香科荛花属野生落叶灌木（图3-12）。

○学名：*Wikstroemia sikokiana* Fr. et Sav

○别名：山棉皮（浙江）、荛花。

○主要产地：浙江、贵州、云南、四川、山西等。

○植物学特征：生长于向阳的沙砾质土壤中，一般高

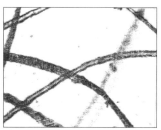

图3-12 雁皮（山棉皮）及其纤维形态

1.5~3.0m。树皮呈棕褐色，树茎为紫褐色，其叶对生，排列如雁行，故名。叶片为长椭圆形，表面为绿色，背面为紫红色。其花为紫红色或白色，果实之籽为黑色。春、夏季发芽，初期生长迅速，以后逐渐减慢。茎枝经刀割后，翌年重新发芽。

○纤维形态：雁皮纤维纤细柔软，胞腔宽窄不匀，纤维壁较薄，有扭曲现象，含杂细胞较多，呈球状或方形。（平均）纤维长度3.87mm、纤维宽度0.021mm、长宽比184。

○化学成分：纤维素 38.49%；

　　　　　　木素 17.46%；

　　　　　　多戊糖 12.45%；

　　　　　　果胶 12.84%；

　　　　　　冷水抽出物 6.70%；

　　　　　　热水抽出物 17.41%；

　　　　　　NaOH（1%）抽出物41.20%。

○加工：砍伐后的雁皮枝条，先放入水中浸泡2小时，取出。再放入榶锅内大火汽蒸3小时，趁热将枝条没入冷水中，再提起进行剥皮。所得的雁皮晒干，扎捆，备用。

3.3.6　三桠皮

○三桠（Mitsumata）为瑞香科结香属落叶灌木（图3-13）。

○学名：*Edgeworthia chrysantha* Lindl.

○别名：又名山桠、结香、萝冬花、金腰袋（湖北）、三桠树、檬花树（四川）。

○主要产地：湖北、江西、云南、四川等。

○植物学特征：三桠高约2m，枝为三叉状，叶互生，有短柄。叶宽10~14cm，呈针形，正面为绿色，背面呈粉白色。春天开花，花朵为金黄色或鹅黄色，有芳香气味。生长三年即可收获。

○纤维形态：三桠皮的纤维较短，细胞壁上裹有的胶质膜不明

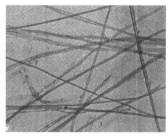

图3-13 三桠皮（结香）及其纤维形态

显。在显微镜下观察，三桠皮纤维与构皮、桑皮纤维十分相似，其主要不同之处是，三桠皮纤维两端逐而渐细，而中段明显较宽，其宽段约占全根纤维的1/3，且细胞壁上有横节纹。（平均）纤维长度2.90mm、纤维宽度0.018mm、长宽比161。

　　○化学成分：纤维素 40.62%；

　　　　　　　　木素 12.15%；

　　　　　　　　多戊糖 10.12%；

　　　　　　　　果胶 9.81%；

　　　　　　　　冷水抽出物 7.25%；

　　　　　　　　热水抽出物 16.91%；

　　　　　　　　NaOH（1%）抽出物35.42%。

　　○加工：每年秋冬时节，砍下枝条，置于蒸锅内用沸水蒸煮3小时，使其木质部与韧皮部两者容易分开，即为蒸熟。此后，取出冷却，以人工剥下的枝皮，叫做生皮。生皮泡在水中4小时，发软后除去粗外皮，在太阳下晒干后所得的，叫做黑皮。黑皮再泡入水中，大约10小时，将残留的外皮剥落，精选后所得的，叫做白皮。白皮在泡于水中24小时，取出后再精选，并经日光晒干，如此反复3~4次，即得晒皮。把晒皮理顺束成捆，备用。

3.3.7 木芙蓉（皮）

○木芙蓉（Cotton rose）为锦葵科木槿属、落叶灌木或亚乔木（图3-14）。

○学名：*Hibiscus mutabilis* Linn.

○别名：芙蓉花（四川、湖南）、芙蓉（安徽寿县）、山芙蓉（台湾）。

○主要产地：四川、湖南、安徽、台湾等。

○植物学特征：单秆直立，高2~5m，很少发枝。树皮呈灰褐色，叶面呈阔卵形或近于圆卵形，径约12~24cm。其花晚秋开，形大，花梗长13~17cm，花冠径10cm。清晨开花，显白色或红色；黄

图3-14 木芙蓉及其纤维形态

昏时分，花变为深红色，十分美观。

○纤维形态：纤维细而长，末端呈针锥形。（平均）纤维长度1.90mm、宽度0.018mm、长宽比105。

○化学成分：纤维素 43.27%；

木素 12.19%；

多戊糖 22.08%；

果胶 6.03%；

冷水抽出物 13.91%；

热水抽出物 16.95%；

苯醇抽出物 2.85%

NaOH（1%）抽出物 39.46%。

○加工：将剥下的鲜木芙蓉皮，去其外边的粗皮，束成小捆，放入溪水中，或池塘中浸泡。立即进行剥皮、脱胶。直至纤维柔软、容易分开时为止。一般需时7~8天，然后取出，洗净，备用。浸泡时应尽量少沾污泥，必要时可搭架，将皮放在架上，再压上石头不使其浮出水面。束捆不宜过紧，以防浸泡不透。不过，它又是一种观赏性植物，不宜大量采集用来造纸。

3.4 草类

3.4.1 稻草

○稻草（Rice straw）是一年生禾本料稻属植物（图3-15）。

○学名：*Oryza sativa* Linn.

○别名：禾谷（广东）、粳稻、籼稻、糯稻、沙田稻、泥田稻、混土田稻。

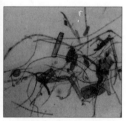

图3-15 稻草及其纤维形态

○主要产地：湖南、湖北、广东、广西、江西、四川、吉林、辽宁、黑龙江等。

○植物学特征：稻草为簇生植物，草茎高1m以上，直立作圆柱状，中空有节，节内含灰分高，叶柄包围茎部如鞘形。秋收后穗、叶、茎均呈金黄色。

○纤维形态：纤维细短，含有薄壁细胞。在高倍显微镜下可以见到细胞壁上有纹孔。（平均）纤维长度1.02mm、纤维宽度0.009mm、长宽比113。

    ○化学成分：纤维素 46.20%；

             α-纤维素[1] 32.10%，

             木素 14.40%；

             多戊糖 18.20%；

             灰分 9.00%；

             热水抽出物 35.00%；

             NaOH（1%）抽出物 43.40%。

    ○加工：稻草的品种分为粳稻、籼稻、糯稻以及沙田稻（草）、泥田稻草、混土田稻草等多种。通常，手工纸采用的是沙田和泥田产的粳、籼稻草，因为它们的组织比较疏松，经水泡后除去部分杂质，故成浆比较容易。尤其宣纸中使用的沙田稻草（Rice of Sandy land），以秆长、含纤维量多、杂质和灰分少而著称。

3.4.2　麦草

    ○麦草（Wheat straw）是禾本料麦属一年生植物（图3-16）。

    ○学名：*Triticum aestivum* Linn.

    ○别名：小麦。

    ○主要产地：河南、山东、安徽、陕西、河北、山西等。

    ○植物学特征：麦草直立呈圆形，茎高0.5~1.5m，秆面光滑、干净，茎壁厚实，组织紧密，抵抗倒伏力强。

    ○纤维形态：纤维细长，胞腔较大，且细胞壁上纹孔明显。（平均）纤维长度1.32mm、宽度0.013mm、长宽比102。

    ○化学成分：纤维素 40.40%；

---

1 α-纤维素：将漂白的化学浆在20℃下，浸泡入17.5%NaOH溶液内45min，仍不溶解的那一部分残留物即为 α-纤维素。

图3-16 麦草及其纤维形态

木素 22.34%；

多戊糖 25.56%；

灰分 6.04%；

果胶 0.30%；

冷水抽出物 5.36%；

热水抽出物 23.15%；

NaOH（1%）抽出物 44.56%。

○加工：麦草结构僵直，水浸效果不理想，必须经过碱煮，以脱去木素（木素含量高达22%），才能成浆。故手工纸业中采用麦草者甚少。

3.4.3 龙须草

○龙须草（Chinese alpine rush）是一种丛生的野草类植物（图3-17）。

○学名：*Eulaliopsts binata*（Retz）C.E.Hubb.

○别名：蓑草（四川）、蓑衣草、羊胡子草（陕西）。

○主要产地：四川、湖北、陕西、河南、广西、广东、贵州等。

○植物学特征：这种草是一种叶脉植物，地上长的叶片环抱根茎而生。叶部受日晒卷成细长的圆筒形，故其中会夹附砂粒，用时留心剔除干净。叶面生细绒毛，手摸有针刺感，肉眼不易看清。此

图3-17 龙须草及其纤维形态

草春发芽，秋收割，故9月割取的黄绿色龙须草叫做秋草，品质较好。对土壤要求不高，酸性或碱性地皆可生长，常长于向阳、干燥之坡地上。

〇纤维形态：纤维细胞的胞腔大小不一，含有少许胶质物，并有纹孔。（平均）纤维长度2.10mm、宽度0.014mm、长宽比150。

〇化学成分：纤维素 56.78%；

　　　　　　木素 13.35%；

　　　　　　多戊糖 21.25%；

　　　　　　灰分 4.39%；

　　　　　　热水抽出物 9.01%；

　　　　　　苯醇抽出物 2.74%；

　　　　　　NaOH（1%）抽出物 38.68%。

〇加工：夏季收割的称为伏草，颜色为青绿色，含水分较高，不利于制浆。秋草为黄绿色，含水分较低，品质较好。秋草在阳光下晒干，编成"辫子"草束。按其长度分为一、二、三级，不得混有泥砂和杂草。每捆草束约5~10kg，大束为25~50kg。草垛面积为4m×12m×4m，总重量为20~40吨。

3.4.4　芨芨草

○芨芨草（Ji-Ji grass）系灌生草本植物（图3-18）。

○学名：*Achnatherum splendans* Trin.

○别名：积机草（河北）、德里斯（内蒙古）。

图3-18 芨芨草及其纤维形态

○主要产地：河北、甘肃、内蒙古、青海、新疆等。

○植物学特征：茎秆较硬，茎高1.0~2.5m，秆皮平滑，簇生成丛，每丛约有40~50株。叶片狭长，边缘粗糙，成长时显褐色。夏季开花，花为淡绿色。果子秋初成熟时系淡紫色。

○纤维形态：纤维形态与龙须草相似，杂细胞较少。平均纤维长度1.68mm，宽度0.016mm，长宽比是105。

○化学成分：纤维素　49.15%；

　　　　　　木素　16.52%；

　　　　　　多戊糖　25.98%；

　　　　　　灰分　2.95%；

　　　　　　果胶　1.08%；

　　　　　　NaOH（1%）抽出物　39.62%。

○加工：该草适合在硬碱性土地生长。农历谷雨后发芽，冬季11月枯萎，此刻应及时收割，晾干，打捆，备用。

3.5 竹类

3.5.1 毛竹

○毛竹（Moso bamboo）是木本科毛竹属的多年生植物（图3-19）。

○学名：*Phyllostachysw pubescens* Mazel ex H. de Lehaie.

○别名：南竹、楠竹、大竹、纸竹、猫头竹、茅如竹。

图3-19 毛竹及其纤维形态

○主要产地：浙江、四川、安徽、江苏、江西、湖南、湖北等。

○植物学特征：毛竹茎高7~20m，直径8~20cm，茎秆呈圆柱形，表面平滑，为绿色或黄绿色，节密、枝繁、叶茂，材质坚挺。冬末发笋，春初出土，生长快。

○纤维形态：纤维细长，细胞腔极小，胞壁外有一层薄薄的鞘膜，纹孔显著，含有少量导管、石细胞和薄壁细胞。（平均）纤维长度2.00mm、宽度0.016mm、长宽比125。

○化学成分：纤维素 56.12%；

　　　　　　α-纤维素 40.63%；

　　　　　　木素 20.94%；

　　　　　　多戊糖 21.93%；

　　　　　　灰分 1.96%；

　　　　　　冷水抽出物 4.55%；

　　　　　　热水抽出物 5.79%；

　　　　　　苯醇抽出物 2.44%；

　　　　　　NaOH（1%）抽出物 26.68%。

○加工：挑选后的毛竹，经砍伐、截断后浸水。然后捶打，再经灰腌等一系列加工成浆。几乎所有的竹类植物，均照此处理。

3.5.2　慈竹

○慈竹（Sinocalamus bamboo）为禾本科植物（图3-20）。

○学名：*Sinocalamus affinis*（Rendle）MeClure.

图3-20 慈竹及其纤维形态

○别名：甜竹、钓鱼慈、甜慈竹。

○主要产地：四川、云南、贵州、湖北等。

○植物学特征：茎竿直立，略带青黄色，高约15m，直径约10cm。枝叶茂盛，接近地面的节部生出许多侧根，围绕垂直于土壤内的基部。常常数株丛生在一起。

○纤维形态：纤维细胞的纹孔明显，部分细胞的壁薄腔大，部分细胞的壁厚腔小。其中还有少量的导管和薄壁细胞。（平均）纤维长度1.99mm、宽度0.015mm、长宽比133。

○化学成分：纤维素 62.57%；

木素 21.35%；

多戊糖19.70%；

灰分 1.69%；

热水抽出物 7.52%；

苯醇抽出物 2.78%；

NaOH（1%）抽出物 27.82%。

○加工：参照毛竹加工。

3.5.3 青皮竹

○青皮竹（Qingpi bamboo）为禾本科植物（图3-21）。

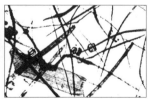

图3-21青皮竹及其纤维形态

○学名：*Bambusa textiles* Me. Clure.

○别名：广宁竹。

○主要产地：广东、广西等。

○植物学特征：茎竿直立，高9~10m，直径5~6cm，先端呈弓形，梢部下垂。

○纤维形态：纤维细长，杂细胞较少。（平均）纤维长度1.92mm、宽度0.016mm、长宽比120。

○化学成分：纤维素 58.48%；

木素 20.19%

多戊糖 18.87%；

灰分 2.24%；

果胶 0.63%；

冷水抽出物 4.88%；

热水抽出物 7.00%；

苯醇抽出物 2.18%；

NaOH（1%）抽出物 25.11%。

○加工：参照毛竹加工。

3.5.4　淡竹

○淡竹（Henon bamboo）为禾本科植物（图3-22）。

○学名：*Phyllostachys nigra* var. henonis.

○别名：白夹竹、红淡竹、钓鱼竹、花竹（贵州）。

○主要产地：四川、浙江、江苏、湖北、贵州等。

○植物学特征：茎竿高6~13m，直径3~7cm，表面平滑无毛、显绿色，上边覆盖白色蜡质。叶片为披针形，有短柄，叶长约5~13cm，宽度为10~16mm，无毛，叶边一侧有细锯齿。

○纤维形态：纤维较短，细胞壁较厚，杂细胞较多。（平均）纤维长度1.54mm、宽度0.013mm、长宽比118。

图3-22 淡竹及其纤维形态

○化学成分: 纤维素 51.34%;

木素 33.45%;

多戊糖 19.76%;

灰分 1.38%;

热水抽出物 5.84%;

苯醇抽出物 6.12%;

NaOH（1%）抽出物 33.07%。

○加工: 参照毛竹加工。

3.5.5 绿竹

○绿竹（Green bamboo）为禾本科植物（图3-23）。

图3-23 绿竹及其纤维形态

○学名：*Sinocalamus oldhami*（Munro）Meclure.

○别名：鸟药竹（台湾）、石竹、泥竹、毛绿竹。

○主要产地：台湾、浙江、福建、广东、广西等。

○植物学特征：绿竹茎高7m，直径5~8cm（个别有20cm），材性中硬，茎竿呈淡绿色。

○纤维形态：（平均）纤维长度1.94mm、宽度0.015mm、长宽比129。

○化学成分：纤维素 49.55%；

　　　　　　木素 23.00%；

　　　　　　多戊糖 17.45%；

　　　　　　灰分 1.78%；

　　　　　　苯醇抽出物 6.60%；

　　　　　　NaOH（1%）抽出物 26.86%。

○加工：参照毛竹加工。

3.5.6　水竹

○水竹（Water bamboo）为多年生禾本科竹属植物（图3-24）。

○学名：*Bambusa breviflora* Munro.

图3-24 水竹及其纤维形态

○别名：无。

○主要产地：广东、台湾、湖北、四川等。

○植物学特征：茎竿粗壮、坚硬，高12m，直径5~8cm。竹节上有白环，叶片为披针形，长4~15cm，宽12~18mm。

○纤维形态：纤维细长，含有多量的石细胞。（平均）纤维长度1.75mm、宽度0.014mm、长宽比125。

○化学成分：纤维素 63.42%；

　　　　　　α-纤维素 46.76%；

　　　　　　木素 23.31%；

　　　　　　灰分 1.50%；

　　　　　　NaOH（1%）抽出物 26.02%。

○加工：参照毛竹加工。

3.6　其他

3.6.1　狼毒草

○狼毒草（Longflower stringhush）为瑞香科狼毒属植物（图3-25）。

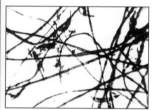

图3-25 狼毒草及其纤维形态

○学名：*Stellera chaemuejasme* L.

○别名：长花荛花、甘遂、山萝卜、断肠草（西藏）。

○主要产地：西藏、四川北部。

○植物学特征：生长在海拔3500~4600m的山坡等高原地区，草高20~50cm，茎和叶均呈绿色，间有丛生小叶。每年5~6月为开花期，年末至次年初为采伐期，根部和茎部含有纤维，其汁液有毒，与嘴巴、眼睛接触后均有针刺感，误服后会呕吐。

○纤维形态：纤维细长柔韧，表面有横节纹。（平均）纤维长度5.86mm、宽度0.010mm、长宽比586。

○化学成分：纤维素 28.49%；

　　　　　　　 α-纤维素 25.75%；

　　　　　　　 β-纤维素[1] 1.16%；

　　　　　　　 γ-纤维素[2] 1.57%；

　　　　　　　 鞣质[3] 7.30%；

　　　　　　　 淀粉[4] 8.87%。

　　○加工：每年冬季采集，将茎割下，根挖出，晒干，备用。在加工成藏纸（狼毒纸等）。

3.6.2　菠萝叶

　　○菠萝（Pineapple）多年生热带草本果树，原产于巴西。果实味美可食，是我国南方亚热带盛产的水果。菠萝叶（Pineapple Leaf）纤维用于编织和造纸（图3-26）。

图3-26 菠萝叶及其纤维形态

---

1 β-纤维素：测定 α-纤维素时所剩下（水洗）的碱性溶液，用醋酸中和后而沉淀出来的那一小部分沉淀物，叫做 β-纤维素。

2 γ-纤维素：在得到 β-纤维素时用醋酸中和后依然以溶解状态存在那一部分，称为 γ-纤维素。

3 鞣质：又称单宁，存在于植物体内的一种化学物质。主要成分是具有多元酚基和羧基的有机化合物，略带酸性，并有涩味。

4 淀粉：以 α-D-葡萄糖基组成大分子化合物，有直链和支链两个部分。和水加热至 55~60℃，膨胀而变成具有黏性的半透明凝胶，这个现象叫做糊化。植物体中含淀粉有的多，有的少，造纸原料列入后者。

○学名: *Ananas comosus* (L.) Merr.

○别名: 凤梨、旺来、黄梨、香梨、露兜子、婆那娑。

○主要产地: 台湾、广东、广西、云南、福建等。

○植物学特征: 菠萝种植20~24个月后即可采收,以后每年采果一次。菠萝叶呈绿色,丛生,叶长约60~100 cm,为放射状。

○纤维形态: 纤维细长,含有多种薄壁细胞。(平均)纤维长度3.974mm、宽度0.007mm、长宽比567。

○化学成分: 纤维素 90.40%;

木素 5.90%;

热水抽出物 2.30%;

苯醇抽出物 3.40%;

NaOH (1%) 抽出物 15.80%。

○加工: 将菠萝叶收集后脱去皮渣,经过水泡、晒干、抽打,留下呈麻缕状的纤维,俗称菠萝麻,它也是一种叶纤维。纯菠萝麻含木素不多,制浆不难(带皮渣的菠萝叶木素含量高,应净化处理),但成浆率低。菠萝麻纤维打浆时极易交缠成团,故打浆度宜控制低一些。不过,菠萝叶的收集、加工颇费工时,难以大量供应。

参考书目

[1] 王菊华主编,《中国造纸原料纤维特性及显微图谱》,中国轻工业出版社(1999)

[2] 孙宝明、李钟凯编,《中国造纸植物原料志》,轻工业出版社(1959)

[3] 张永惠、李鸣皋,中国造纸原料之研究,《工业中心》1942年第10卷3、4期

[4] 刘仁庆,《纸的品种与应用》,轻工业出版社(1989)

[5] 喻诚鸿、李沄,《中国造纸用植物纤维图谱》,科学出版社(1965)

[6] 中国科学院植物研究所,《草类纤维(禾本科)》,科学出版社(1973)

第4章
手工纸的"纸药"

4.1　概述

　　"纸药"（Paper medicine或Plant Viscous Fluid for Handmade Papermaking），是一个专业术语，通常是指手工纸生产过程中所使用的某种植物性胶料。有的书上说，纸药的种类有39种之多，实际上常用的只有21种，其中因各种原因，有的使用较少。纸药在各地都有自叫的"土名"，非专业者很难区别。在农村，纸工们把这些东西经过水泡、提取而得带有黏性的透明液体，叫做"油水"，亦有人称为"滑液""黏液""滑水"等，实际上用造纸业的行话称为"胶料"，也就是明代宋应星（1587—1655）在《天工开物》中所说的"纸药水汁"（图4-1）。

图4-1 "滑水"（纸药的水溶液）

　　据南宋周密（1232—1298）在《癸未杂识》一书中说："凡撩（liao，音辽）纸必用黄蜀葵梗叶新捣，方可以撩。无则沾黏，不可以揭。如无黄蜀葵则用杨桃藤、槿叶、野葡萄皆可。但取其不沾也。"由此可知，纸药的作用不仅是作为纸槽中一种浆料的悬浮剂，而且应该有更多的功效，比如调节浆料的滤水性、改善纸浆的上帘性能、利于纸页的分揭来提高成纸率等。所以概括起来说，纸药有四大特性，即有黏滑性、悬浮性、阻滤性和热降解性。

　　纸药，即手工纸中使用的一类植物胶料。它与现代机制纸常用的"施胶剂"是两个不同的概念。首先，纸药的黏性会阻止或减小浆料在纸帘上过快的滤水速度，便于在荡帘中使纤维前后左右搭配均匀。同时，纤维表面的润滑性可以促成"粗大浆料"（疙瘩）下滑，不会停嵌在纸面上。其次，纸药的黏性还能使槽内的纤维均匀地漂浮、分散开来。而在纸帘（竹帘）入槽前，纸工用木耙（木杖或竹竿）来搅拌槽水，目的就在于均匀分散。最后，捞成的纸页内仍带有少许的黏性，当受到热水浇淋后即会自行消失，有助于纸页分开。这其中的妙处，是经验丰富的纸工们完全能够领悟到的。所以，很久以来纸工们中间流传着一句俗语："没纸药，莫干活"。由这句话可见纸药之重要性了。而现代的造纸化学品，与古代纸药所产生的作用是有区别的。例如，施胶剂（如松香胶）的作用是防止纸面发生"洇水"现象，避免字迹模糊不清。古纸的"加胶矾"却有另外的目的。由此可知，两者不要同等看待，更不要混为一谈。

过去，制取纸药水汁的器具都十分简单。通常使用的是几只圆形木桶，与之相匹配的（过滤）箩筐或纱布袋，还有几只胡芦瓢或木勺。根据抄纸量的多少，浸泡相应的"油水"，不多不少，现配现用。

在古代，把野生植物作为纸药，在当时当地的条件下为手工纸的生产做出了很大贡献，是具有积极意义的。但是，也应当指出：这些植物资源由于受季节性限制、供应量跟不上、本身带有颜色会影响成品质量等原因，因此，还有一些局限性，后人一直企望寻求合成化工产品来作为理想的纸药。早先，纸药全部来自天然植物，它们存在这样或那样的缺点，如黏液不耐热、不宜久存，资源受地区、季节影响大等，不能适应扩大再生产的要求。

为了解决这个矛盾，1953年日本的香川博士在研究了各种黏液（包括天然的和人造的高分子化合物）之后，发现它们的化学共性是：在结构式中都含有"乌龙酸"（-O-CH$_2$-COOH）的基团成分。在此基础上提出了制备"合成黏液"（相当于纸药）的设想。它们之中有PEO（Polyethylene Oxide），即聚氧化乙烯，其分子式中有（-CH₂-CH₂-O-）的基团成分。最大特点是，它能够溶于水生成黏性液体。随着分子量的增大，其溶解度相应减小。用来抄纸的PEO分子量为$300\sim400\times10^{4}$。由此可得到良好的分散性和过滤性，取得了与"刨花楠"（纸药之一）相似的浮浆效果。不过，在搅拌的条件下，PEO会产生泡沫，虽然可以用2ppm（百万分之二，ppm代表百万分之一，即10^{-6}）的"硅油"起到消泡作用，但使成本上升了。

后来，又研究出使用PAM作浮浆剂。PAM（Polyacrylamide）叫做聚丙烯酰胺，这种高分子化合物分为不同离子型和不同的分子量，其中阳离子型的PAM在机制纸的生产方面，可用来提高浆料的滤水速度和填料的留着率。而阴离子型的PAM在手工纸的抄造方面，作为阻絮凝剂能提高分散性，防止纤维"打结"，实际上起到了与纸药相似的"滑液"作用。有的地方，常把白色粉状的阴离子型的PAM称为"飘粉"（俗名），容易引起误会。

研究表明，以PAM代替纸药还有使纸页增强的效果。采用的PAM的分子量是600×10^{4}，水解度为20%~40%。因分子量越高，PAM的用量越少，故经济效益越好。但是，一定要加强用水管理，水质和pH不对，就会对PAM的黏性产生破坏作用。

以下对20种植物性胶质"纸药"，逐一地加以介绍。

4.2　茎皮类

4.2.1　杨桃藤

　　杨桃藤（*Actinidia chinensis* Planch.）又名中华猕猴桃（图4-2），它的别名有：洋桃、阳桃、羊桃（安徽、江苏）、野洋桃（湖南）、藤梨、绳梨（浙江）、毛桃子、毛朵子（四川）、鬼桃（陕西）、木子藤（《本草纲目》）。杨桃藤的主要产地有安徽、江苏、浙江等。手工纸中是利用其茎部内的胶质。

　　杨桃藤系落叶缠绕性藤本植物，原为野生，高约4~6m。当年生幼枝略成方形，密被呈褐色毛。一年以上老枝为红褐色，近于圆形，光滑无毛。在温暖、潮湿的土地上生长较好。其果实含有丰富

图4-2 杨桃藤（中华弥猴桃）

的维生素C，可食用。据分析测定，杨桃藤茎部的化学成分如下：水分8.88%，灰分0.52%，单宁1.92%，乙醚抽出物0.89%，可溶性碳水化合物19.89%，五碳糖11.33%，纤维素64.56%。其中含有的多糖类化合物共计31%，由此推知藤茎中的胶性物质占有1/3。在众多的胶性植物中，它仅次于黄蜀葵（多糖类化合物共计41%）是比较突出的。

欲制取纸药，每年10月上旬至次年4月下旬，为采集时间。此时茎内含有的黏质比较丰富。将采回的新鲜茎条切断，截长约为30~40cm。贮存的方法是，把它扎捆后一端对齐，竖立于阴凉、通风的浅水池内。茎段的一端浸水约8~10cm，以保持一直呈湿润状态。藤茎若干枯，则胶质会完全失效。每次的贮存量以够10天生产使用为好。制取黏液时，只需在木桶内放入新鲜茎段，捶破，加冷水浸满，泡若干小时后，直至能有长丝拉出为度，再用布袋过滤得到的清液，即是油水。清液最好是"当天制当天用"，隔日的油水效果不理想，严禁把它与新油水掺和，以免失效。一旦发现油水变红，就不能使用。在夏天，可加点硫酸铜防腐，必要时用安息香酸防止油水的黏性急骤下降。

4.2.2　野枇杷

野枇杷（*Meliosma rigida* Sieb. et Zucc.）又名：笔罗子，俗称粗糠柴（浙江）、花木香（广东）。野枇杷属清风藤科常绿小乔木，高约10m。树干笔直，树皮呈灰褐色，嫩枝粗壮，密生锈色柔毛。单叶互生，为尖锥状椭圆形（图4-3）。生长于山坡、溪边的杂木或灌木丛内。野枇杷的产地有：福建、广东、广西、浙江、台湾等。每当夏秋之交，可采集树皮、树叶，置于通风、干燥之处。

图4-3 野枇杷

4.2.3　春榆

　　春榆（*Ulmus japonica* Sarg.）别名柳榆、山榆（河南）、流涕榆（浙江）。系落叶乔木，茎秆高30m，树径1m左右。树皮呈褐灰色，树冠圆形，叶为倒卵状，先端尖锐，有褐色麟片。产地甚广，河北、河南、山东、山西、浙江等多有生长（图4-4）。树皮含有胶质，磨成粉后即为榆皮面，可用来接粘瓦石，灾荒时供食用。把树皮捶打后，放入木桶中，加适量冷水，浸泡1天，即可取得黏液。

图4-4 春榆

4.3 根块类

4.3.1 黄蜀葵

黄蜀葵[*Abelmoschus manihot*（L.） Medicus.]属锦葵科、一年生或多年生直立草本植物，又名：秋葵、棉花葵、野芙蓉、棉花滑、豹子眼睛花。茎高0.9~2.7m。适宜生长在潮湿肥沃的山中沙质土壤。黄蜀葵在广东、广西、贵州、云南、湖北、江西等地皆有生长（图4-5）。它一般是秋末冬初进山采集——挖葵根，故季节性大。葵根含有16%的胶质，其化学成分是：水分9.71%，脂肪0.50%，淀粉16.03%，胶糖12.30%，半乳糖13.19%，鼠李糖8.08%，蛋白质

图4-5 黄蜀葵

6.38%，草酸钙17.61%，纤维素6.85%，其他有机物9.35%。葵根甚喜寒、忌热，可放在阴凉室内并以黄沙覆盖之，以保持其新鲜度。

黄蜀葵黏液的制法是：将新鲜的黄蜀葵根块冲洗、切断、压扁，并使其部分开裂，再用刀切细，置于布袋中，放入陶缸内并加冷水浸泡12~14小时，不时搅拌，过滤，即得无色透明清液，其黏滑力强。一般冬季可保存三天，黏性不减。如将清液加热或以热水冲之，则失去黏性。在夏天，清液会发酵分解，黏度骤减，不符使用，故此种纸药多受时令的限制。

4.3.2　发财树

发财树（*Pachira macrocarpa* L）木棉科瓜栗属，属于一种温热带植物。别名马拉巴栗、瓜栗、中美木棉，又叫"美国花生"。主要产地有宝岛台湾，海南有少量生长：形态特征 常绿乔木，树高8~15m，掌状复叶，小叶5~7枚，枝条多轮生。花大，花瓣条裂，花色有红、白或淡黄色，色泽艳丽（图4-6）。

喜高温高湿气候，耐寒力差，幼苗忌霜冻，成年树可耐轻霜及长期5-6℃低温，华南地区可露地越冬，以北地区冬季须移入温室内防寒，喜肥沃疏松、透气保水的沙壤土，喜酸性土，忌碱性土或粘重土壤，较耐水湿，也稍耐旱。以种子繁殖为主。种子在秋季成熟，宜随采随播。室内观赏多作桩景式盆栽，也可地种。制备时，取其根部茎块，

图4-6 发财树

洗净，切片，置于水中浸泡12小时以上，即得滑水。再过滤，取到清液备用。

4.3.3 铁坚杉

铁坚杉[*Keteleeria davidiana* (Bertr.) Beissn.又名铁坚油杉、三尖杉（湖北），台湾叫它牛尾杉（图4-7）。铁坚杉为松科常绿大乔木，高20~30m。树皮呈暗灰色，有沟槽、粗糙。生长于山地中，喜阴光，与多种阔叶木混生。铁坚杉的产地有：云南、贵州、广东、广西、福建、台湾、浙江等。根皮部富有胶质，取根皮时用湿布包裹，防止风干。

制备油水时，可把根皮捶裂，盛入布袋，再置于木桶内，加冷水浸泡数小时，即得黏液。

图4-7 铁坚杉

4.3.4 石蒜

石蒜（*Lycoris radiate* Herb）又名龙爪花（南京）、新米夜晚花（常熟），俗名蟑螂花，为一种野生的多年生草本植物（图4-8）。产地有：广东、陕西等省。地上簇生线形的枝叶；地下有球形的鳞茎，形

图4-8 石蒜

似水仙一般。外皮黑色，秋日鳞茎长出花茎，长约3cm，花盖6片，向外反卷。每年秋季采集麟茎制法是：先将地下麟茎洗净，晒干后磨成粉或捣碎之，再用冷水浸泡48小时，所得即为"黏液"。注意：石蒜水液接触皮肤后会红肿发痒，在加工操作时应带口罩和防护手套。

4.3.5 桃松

桃松（*Cephalotaxus fortune* Hook. f.），又名土松、三尖杉、山榧树、小叶三尖杉、三尖松（图4-9），地方名有：杜松（浙江）、狗尾松（湖北）、明杉（江西）。桃松为粗榧科常绿乔木，高10~20m，由下部分枝，枝对生，细长稍下垂。树皮是红褐色，老化时为s不规则的片状脱落。喜生长于溪边或山地密林深处。

桃松的产地有：甘肃、陕西、河南、山东、浙江等。全年均可采集，主要是根部，挖出的松根应置于荫凉处，用湿黄沙覆盖以免待干后失效。将潮湿的松根洗净，捣碎，加入10倍的清水，搅拌，静置半天，取其清液即是。

图4-9 桃松

4.4 茎干类

4.4.1 刨花楠

刨花楠（*Machilus pauhoi Kanehira*）又名刨花润楠，也称花皮楠（图4-10）。地方名有：黏柴（福建）、罗楠（浙江）、刨花（广东）、橡皮树（湖南）。它是樟科常绿乔木，高6~10m，在气候温暖、土壤湿润的丘陵地和山谷中均可生长。

刨花楠的产地有：福建、广东、广西、湖南、台湾等。过去，南方有人将新鲜的刨花楠茎部剥去外皮，削或刨成薄片，放入冷水中浸泡，即可溶出清亮的粘液。再沿街出售，把黏液卖给妇女梳头，可使秀发乌黑发

图4-10 刨花楠

亮，增添美感。所以又被人称为"美人泡花水"。这是昔日景观，恍若隔世。如果向泡花水中纷撒下一些石膏粉，有利于延长刨花楠的保存时间。

制备方法是：将刨花楠削成薄片（越薄越好），放入盛有冷水或凉水（15℃以下）的木桶中，浸泡24小时以上，一次浸泡的胶水量够1天使用即可，不要贪多。若水质变混浊，说明石膏粉量不足，

可适量加点石膏调整。夏天若水发出微微臭味，属于正常，仍可使用。但是要特别注意，陈泡花水不可与新鲜刨花水掺合使用。

4.4.2　仙人掌

仙人掌（*Opuntia dillenii* Haw.）俗称仙人球，肉质植物。丛生，灌木状，高0.5~2m。茎直立，老茎下部呈稍圆柱形，其余均掌状、扁平（图4-11）。其长15~20cm，宽4~10cm，绿色，散生小瘤体，瘤体上有1~3cm的锐刺，刺为黄褐色。注意，最好是野生仙人掌。

制备方法：扁平的仙人掌可以用石头将其击破（或分成小块），放入冷水中浸泡48小时以上；如果选取老茎圆柱形仙人掌，应该除刺去皮，取下掌状茎块，切成薄片放入冷水槽中浸泡2天以上，视其汁渐呈黏液状，取出上边的清液即是"油水"。

图4-11 仙人掌

4.5　枝叶类

4.5.1　青桐

青桐（*Firmiana simplex* (L.)　W. F. Wight.）又名梧桐、桐麻（图4-12），别名有：桐麻（湖北）、瓢儿树（四川）、耳桐（湖南）、青皮树（广西）。青桐属梧桐科，系落叶乔木，高15m，树杆直立，枝壮叶茂。树皮为青色、手摸有平滑感。其枝梗含有一定数量的胶质。青桐喜肥沃、潮湿沙土，道旁、庭院皆可栽种。青桐的产地包括山东、河北、陕西、江苏、江西、安徽、四川、河南、甘肃、台湾等。

图4-12 青桐

制备方法是，各地青桐因地理、气候环境不同，其含胶量差异较大，故应有所选择，不能拿来就用。青桐含胶量最多的部位是叶梗，即叶柄与茎干的交叉处。采撷时应当留心，注意不要搞错。制胶方法是：把青桐的枝梗压扁、斩断，加冷水浸泡，过滤，最后得到油水。不过其收获率较少，耗用原料较多。常列为纸药的替补者。

4.5.2 铁冬青

铁冬青（*Ilex rotunda* Thunb.）又名野冬青、冬青树（图4-13），广东称冬青仔。铁冬青为冬青科常绿灌木，野生植物，高约10m。树皮呈淡绿灰色，平滑无毛。树叶系单叶互生，椭圆形或长圆形，两端尖短，表面光亮，背面色浅而暗。多生长于山坡北边或丘陵、溪畔的荫蔽之处。铁冬青在江苏、浙江、安徽、江西、湖南等地多有生长。每年6~7月是采摘冬青叶的最佳时间，4~11月中的其他时间，叶部质量较差。通常把冬青叶平摊在笭筐里，层层架放；切忌堆放在地上，以免腐烂。

图4-13 铁冬青

制备黏液时，先把新鲜树叶放在沸水中煮1小时。然后用手指夹出作反向摩擦分为两层，置于清水内漂洗，将浮出的绿色泡沫除去，再把叶片放入木盆内脚踏（或于盆中捣碎），使叶成烂泥状，加冷水搅拌，过滤，便得到清亮的油水。

4.5.3 白榆

白榆（*Ulmus pumila* L.）又名：榆树，俗称家榆、白榆皮（图4-14）。地方名有：家榆（河北、河南）、钱榆（江苏）、海力斯（内蒙古）。白榆系榆科落叶乔木，树皮为暗灰褐色、粗糙，小枝柔软、有毛，呈淡灰黄色。生长于平原地带的河堤两岸、田梗、路旁等处。白榆能耐干旱，耐碱性土壤。

白榆的保鲜方法是：把白榆茎段（30~50cm）浸没于水池中，洒石膏粉若干，可维持2个月。池水若变混浊，说明石膏量不足，再添加一些。池水若微发臭味，并非反常，可适当加些水，冲淡之。然后装入布袋，过滤，清液静置24小时后，即可使用。

图4-14 白榆（榆树）

4.5.4 买麻藤

买麻藤（*Gnetum montanum* Markgr）又名：倪藤，俗称狗屎藤，因习惯不易改口，故沿用下来（图4-15）。地方名有：大节藤（广西）、山母藤（广东）、鸡母麻（海南）。狗屎藤系买麻藤

图4-15 买麻藤

科高大藤本植物，常攀于乔木上。植株褐色，干时变黑色、有节，恰似狗屎。多生于潮湿、炎热的山坡、山谷河边密林处。狗屎藤可在秋季采伐，将藤砍断，截成1~1.3m长，扎成小把，置存于荫凉处。将晒干之买麻藤，磨细，用热水浸泡，冷却，过滤，即得胶状清液。

4.5.5　木槿

木槿（*Hibiscus syriacus* L.），别名木锦（江苏）、芙蓉树（广西）、碗盏花（湖南）、篱障花（湖北）、喇叭花（福建）。系锦葵科，木槿属。产地有湖北、浙江、福建、广东、云南、四川、陕西、山东等（图4-16）。此为落叶乔木，高约3m，幼枝有绒毛，长大后无毛光滑。叶呈卵形或菱状卵形，长约5~10cm，叶背脉上有少许毛，其余都无毛平滑。花单生，有短梗，为钟形，有白、红、紫、黄等色。该树枝皮全年都可采集，尤以2月、8月采收为好。采回的枝条除去蔓枝和叶，截断为1~2尺，按老嫩束成2~3kg扎捆（勿捆得过紧），置于阳光下晒1天，再放入水中浸泡，备用。制胶时，放入带水的木桶中，浸泡12~24小时，用布袋过滤后的清液，即是"油水"。

图4-16 木槿

4.5.6　毛冬青

毛冬青（*Ilex pubescens Hook.& Arn.*）又称冬青，别名高山冬青、茶叶冬青（广东）。它是一种夏季（6~7月）常用的纸药（图4-17）。此为野生灌木，小枝，青叶，生长在山区蔽荫之处。其制取方法与其他纸药不同，为采摘毛冬青之叶子（老嫩适当），先将其放入水中加热煮沸1小时，然后取出用清水洗涤，除去叶绿素

图4-17 毛冬青

（直至洗涤水清白、无绿色为止）。再把叶子装入木桶，搅打，按量加水，使纸药液浸出，用布袋过滤而得的清液即成。

4.5.7　芫花

芫花（*Daphne genkwa Sieb.et Zucc.*）又名野白果、老鼠花、头痛花、乌皮、冻米花、药鱼草、癞头花、金腰带等（图4-18）。落叶灌木，高达1m，枝细长直立，略带褐紫色，嫩枝有柔毛，分枝多。单叶对生，偶有互生，呈椭圆形，长3~5.5cm、宽1.2~2cm，表面为深绿色，背面为浅绿色，有绢毛状。

取芫花的叶部揉搓后切成细长条，放在凉水中浸泡12小时，再用布袋过滤，所得上层清液即是油水。

图4-18 芫花

4.6 海藻类

4.6.1 石花菜

石花菜（*Gelidium amansli* Lmx.）又名琼脂，俗称洋菜，系石花菜科海藻系植物（图4-19）。它生于海滨潮线内的岩石上，通体为细线状，有多个分枝，羽状排列，红紫色，富有弹性。其制胶方法是：把洗净的石菜花用碱水煮开1小时，然后弃除残渣，加清水，用布袋或筛网过滤即成。

图4-19 石花菜

4.6.2 杉海苔

杉海苔（*Gigartina tenella* Harv.）生于外海退潮附近的岩石上，形体甚小，高5~6cm，枝端尖，外形似杉叶，呈不规则的分枝，红紫色。晒干后枝体收缩，富有弹性（图4-20）。把杉海苔的干枝洗净后截短，用碱水（纯碱浓度5%~10%）煮开1小时，捞起干枝，加清水稀释到1%的浓度，过滤，所得清液即是滑水。

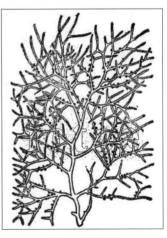

图4-20 杉海苔

4.6.3　仙菜

仙菜（*Ceramium boydenii* Gepp.）别名仙草（图4-21）。生于福建沿海一带的海水里，其体为细线状，生有叉状分枝，枝先端向内曲或不曲。制胶方法是，向仙菜重量50~60倍的清水中，厉入纯碱（碳酸钠）20%。在100℃的温度下，煮开1小时，冷却后再将未溶解的残渣弃除。加入清水，使其浓度达1%左右，再装入布袋内过滤，流出的清液即是。

图4-21 仙菜

4.6.4　白藻

白藻（*Gracilaria compressa* Grev.）系生于海湾之平静的浅水中一种藻类植物（图4-22）。本体呈半透明圆柱形，有不规则的分枝叉，为黄绿色。藻体脆弱，极易折断，干燥后有弹性。制法是：将白藻分成小段，加入50~100倍清水，再加纯碱（Na_2CO_3）约20%，在100℃下煮沸1小时，冷却后过滤，即得胶液，然后把它稀释到浓度为1%，用50目铜网滤出清液即为"纸药"。

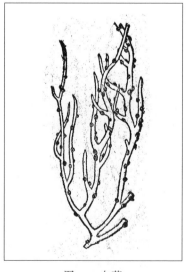

图4-22 白藻

参考书目

[1] 中国科学院植物研究所，《中国高等植物图鉴》（第2、5册），科学出版社（1972）

[2] 江苏省商业厅编，《江苏野生植物志》，江苏人民出版社（1959）

[3] 中国科学院植物研究所，《中国经济植物志》（上册），科学出版社（1961）

[4] 安徽省经济建设委员会，《安徽经济植物志（上集）》，安徽人民出版社（1959）

[5] 刘仁庆，论手工纸的纸药，《浆与纸》1995年4月号、总178期

[6] 荣元恺，纸药——发明造纸术中决定性的关键，《纸史研究》第6期

[7] 孙宝明、李钟凯编，《中国造纸植物原料志》，轻工业出版社（1959）

第5章
手工纸的制浆

5.1　概述

在第2章的概述中，曾把造纸的全过程可以划分两大步骤：第一步是制浆；第二步是抄纸。现在，先介绍手工纸的制浆部分。它包括从备料直到漂洗，其中使用的生产器具、药物等。由于手工纸原是山区农村副业的一个组成部分。因此所用的大小工具和设备（各地的名称殊不一致，请留意），都比较简单。

（1）备料工序用的有：①砍刀又称柴刀（图5-1），是用来砍伐的工具，铁质、②利斧、③切皮刀（图5-2）是用于切皮料的、④木墩、⑤石板、⑥钉耙：是梳理草料的工具（图5-3）、⑦铁钩也叫挽钩（图5-4）是钩松浆料时的工具、⑧锤子等。

（2）煮料工序用的有：①铁锅、②蒸架、③簸箕（boji，音薄基，图5-5）又称洗料筐或箩、④水缸、⑤料杷（图5-6）、⑥火灶等。

（3）洗料工序用的有：①布袋、②料杷又叫扒头是用布袋洗浆时搅动袋内浆料的工具、③长杆、④水勺（图5-7）等。

有时还借用已有的农业器具。而且使用

图5-1 砍刀

图5-2 切皮刀

图5-3 钉耙

图5-4 铁钩　　　　　　图5-5 簸箕　　　　　　图5-6 料杷

的材料，多是石、铁、竹、木等。现在，一般手工纸的生产设备也向机制纸去学习和借鉴，开始应用如打浆机、漂白机、筛浆机等。不是不可用，而是要使用恰当，最好是有些改良举措配合，以适应生产合乎要求的纸种。

纵览手工造纸所说的工序，各地大体相同或者相近，但是名称（叫法）颇不一样。因此，必须以专业的眼光看待它们，把一些不符合规范的称呼、俚语，修正为专业术语，避免出现理解上的歧

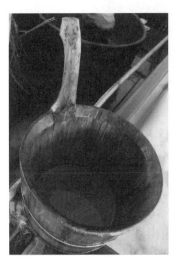

图5-7 水勺

义，以便得到共识。

手工纸的制浆包括水泡、灰腌、蒸煮（煮料）、洗涤等多项工序。一般而言，有时只对原料进行水泡、灰腌后，经过清水洗净即为生料，这种浆料的质地比较硬，只用于生产普通手工纸；还有的是在水泡、灰腌后，还要进行蒸煮，所得到的即为熟料浆，这种浆料的质地比较软，适合用来抄造高级手工纸。必要时，有的原料还要经过二次蒸煮（或两级蒸煮），以便获得更加纯洁的浆料。

5.2　浸泡（泡料）

　　所谓浸泡（泡料），亦称水泡，也就是在制浆之前，将采伐的植物原料（竹、麻、草、树皮）放入水中进行较长时间的浸渍。其目的是：清洗外部沾污之物，溶解少量的化学杂质，并让水渗入后起到松胀植物体的作用。但是，其中含有的主要化学成分是不可能除掉的，要等到下一个工序去处理。

图5-8 凹于地下的水池（下水池）

图5-9 立于地上 的水池（上水池）

泡料所用的水池，一般有两种：一是凹于地下（图5-8）；二是立于地上（图5-9）。如图所示，制法很简单，不再叙说。

水泡应注意的问题：一是通常以山中泉水或河旁流水较好，不流动的水坑要经常换水，否则难以起到水泡的作用。二是原料应浸没在水面以下，最后是河底（或用大石头压住），避免与空气接触。总之，让水完全地包围植物原料，使它"彻底"的净化之。

5.2.1 截断

为了有利于原料浸泡，必须把它们（依不同原料而异）切断成合适的长度，也可根据料塘的尺寸来考虑。

一般地说，麻类的尺寸是根据不同麻料的来源而决定。大体上事先都要经过水泡、沥干、理顺后方可加工。（1）如采取原生麻为原料者，可把它用斧切成10~20mm。（2）如以麻袋为原料者，可先分切开呈平面状，再卷成为一卷，用斧切成15~25 mm。（3）如用麻绳为原料者，需将多结头剪掉，再用斧切成10~25 mm。

古代曾有以麻鞋为原料者，如今早已成为过去时，不再赘言。麻料应在潮湿状态下用斧加工，干料不易切断。处理麻料有专用的麻斧（图5-10），在切料前至少准备好两把，并随时磨刃，保证切麻不停顿。与麻斧相配的木墩（上边不能有铁石等硬物），应择用硬木。切麻时，操作者另用"小护板"压紧麻料，防止斧刃误伤手指。

树皮的尺寸是：因为树皮的种类有：青檀皮、桑皮、构皮、雁皮、三桠皮等许多种，所以，它们的加工方式

图5-10 麻斧

并不完全一样（有的要敲打；有的要水泡；有的要煮沸；有的要晒干；有的要反向拉开）。然后进行剥皮（图5-11），把剥下的树皮，依其长短，有的还要切断，有的则不切。并按一定重量（2~5kg）扎成一把，晒干，备用。

图5-11 剥皮

草类的尺寸是：经常使用的有稻草、龙须草。例如，稻草经过除穗、削叶、去根后，再切其长度大约为25cm，每次包约30根扎成一捆，备用。又如，可把龙须草切短为10~20cm，投入清水池中浸泡12小时，然后捞出（尽量除去草叶内沙子）、沥干，备用。

竹子的尺寸是：如在每年谷雨至立夏期间，砍下的嫩竹（对笋壳已经脱落、尾梢尚未分枝者，人称嫩竹）去头尾后斩断长度为1.5~2m的竹条（图5-12）。再将它们扎紧成捆，每

图5-12 截断

捆的重量不要超过30kg。堆积在地上，再进行下一步处理。

5.2.2　料塘

料塘称为"浸料池"，在各地它的俗称却不一样，有的叫水塘，或池塘、河塘、溪闸等。其实，它们之间也存在着少许的差别。

（1）水塘，系在地下挖的一个坑，周边用石块砌筑五面，（四周加底部）用桐油、石灰糊刷缝隙（后来曾用水泥），可防止漏水。一般长2m、宽2m、深1.5m，容积约为6立方米，可容竹麻1吨左右。可以用竹筒把山泉水引进来，或者用人力担水注入。

（2）河塘，是在河边另挖一小型池塘，把近旁的河水引入。池塘的容积根据每次需要处理的数量来确定。周边应用石头、水泥等材料加固，防止池水泄漏。

（3）溪闸，在溪流中间横向栏截一段，设有若干闸门，阻挡部分水流（要求上游的水量充足），处理原料时应控制好水流在溪闸（或称溪涧）滞留时间，没有一定的浸泡水量，不停止地流动，对于浸泡原料来说是不适宜的。这与洗浆时的要求不同，洗浆则需要流水不断地带走浆料中的各种杂质。

5.2.3 水沤

将造纸原料浸没在在清水里一段时间的工序，叫做水沤（俗称水泡）。水泡时间随原料、季节而变动，只是一个框架性的估计，没有严格的规定。大体上是以当地纸工的判断为准（多凭实际经验）。

麻类，一般将麻类扎成小捆，按顺序一排排地放入塘内，用一长竹杆压在麻捆上，再加上若干个大石头，防止它们浮出水面。水泡时间是4小时，以麻杆发软为止。

构皮10~12市斤（5~6kg），扎捆。放入河水中浸泡，以达到天然脱胶之目的。夏天48小时，冬天90小时。浸泡后用手搓洗，将皮上的污物、外皮等洗掉。

稻草除去根 叶 壳 穗颈后，扎成小捆，每捆2.5市斤（1.25kg），过碓或拍打打碎草节，再将若干小捆束成1大捆（5kg），放入水池里浸泡（最好是流水中，且以将草捆全部浸入水底或埋砂浸为上），使部分胶质和色素溶出，一般是10~30天左右（视季节而定）。其间抽看水中草捆，若草捆内的草的表面呈白色，捆外的带黄色，即可进入下一工序。

竹子的长度是2m左右，浸泡时间一般是30~50天。当水色变青、带有腥臭味时即表示可以取出。

5.3　灰腌

　　灰腌又称腌灰、浆灰等，就是利用石灰为沤烂剂，以处理造纸植物原料使其分离而成纤维。这一工序是在原料经水泡之后，除去其主要的杂质而设立的。由于石灰与水作用后的生成物呈弱碱性，一方面促使植物体内的胶质溶出；另一方面又使纤维分开。客观上发生一种"腐化"作用。同时，灰腌处理后的石灰污水对生态环境的危害性比较小，从而获得广泛地应用。

5.3.1　石灰

　　石灰，主要成分是氧化钙（CaO），纯度高的石灰呈白色，含有杂质的呈淡灰色或淡黄色。它是我国最早制浆的化学药剂，一般是块状，有时成粉状。石灰遇水发生放热反应，生成氢氧化钙Ca（OH）$_2$，水溶液具有碱性。

　　这里，有几个基础化学名称与俗名要分清楚。石灰石是碳酸钙（$CaCO_3$），将它煅烧后可制得石灰。石灰俗称生石灰，它与水发生作用生成氢氧化钙又称消石灰，俗名熟石灰。还有的地方把石灰叫做"白灰"。

5.3.2　用量

　　对不同的造纸原料，石灰的用量不尽一致。麻类所用的石灰量为：每100斤（50kg）干料的石灰用量约30~50斤（1.5~2.5kg）。树皮所用的石灰量为40~60斤/100斤干料。草类所用的石灰量为30~40斤/100斤干料。竹子所用的石灰量为50~70斤/100斤干料。

以上只是一个大概数字，有时纸农可以根据季节、干料的具体情况加以调整。一般而言，石灰的用量加大，灰腌的作用增强，花费的时间可以减少。

5.3.3 堆沤

堆沤的方式各地都基本相同。所谓堆沤是灰腌的另一种形式，它是将经过"浆灰"的原料堆置在一起，使其自然发酵，进一步除掉其中的非纤维物质（图5-13）。

图5-13 堆沤

竹子堆沤有两种方式：其一是沾法，在化灰池中按竹量的50%~75%（重量），把石灰投入，制成石灰汁。再将竹捆放进化灰池内，让竹子饱吸石灰汁，大约需12小时。然后把竹子从池中拖出，堆放在空地上，顶部盖上稻草（防水）。静置10~20天，视竹子发生变化，出现松散为度。其二是洒法，将伐后截断的竹捆打开，一根一根地平铺在空的地坑里形成竹排。每当铺完一层竹排，干撒一层石灰，并用锄头勾起，务使石灰布上竹面。放完若干层竹排后，看看有无缺少石灰之处，补满为止（勿忘在地坑上铺稻草）。随后，按竹子的重量加入相应的水，灰腌15~20天。视竹子的变化程度来决定堆沤时间。

稻草堆沤则采用前一种方式。堆沤之前，先将对风干草（原料量）50%的石灰，化成石灰乳。然后，一人把洗净的成捆的原料，放入浓石灰汁坑内，使其吸满石灰计。另一人把已经含有石灰汁的原料拖出浆坑。平放在地上，一堆堆摞起。注意，草堆要堆紧，避免"冒风"。必要时涂抹泥巴封顶，务使堆内温度上升，有利于发生发酵作用。

5.3.4 发酵

把浆过石灰的草束，在堆放时性硬的草束放在中间，性软的放在边缘，每一束稻草都要贴紧上一束，以避免漏风、冒风形成腐烂。每一层的边缘一定要堆放齐整，成堆后的草堆四周要浇上石灰水，进行堆置发酵。发酵过程是将草束微碱性变为微酸性。同时，发酵时间与气温变化关系很大，因此，堆置发酵期间必须随时检查其状况。

经过一段发酵时期（一般冬天约30～40天，夏季7～10天左右），草堆里的草束出现变色，时节不同发酵变色也不同。一般冬天呈老黄色，夏天呈嫩黄色。这时要进行翻堆，此前在草堆四周浇上灰水，然后把边缘的草装在堆心，把堆里的草翻到外面。翻堆后，草堆的四周再泼上灰水，以增加热度，继续发酵，直至草的黄色减退且有光泽，草遇水后即自行脱灰，此时就应散堆洗涤，洗去灰渣。

除了堆放发酵外，还可采取发酵桶，这只适用于对少量的草束。发酵桶又名"座桶"，为一无底圆形木桶。桶体约2/3埋入地下，桶底用水泥涂抹呈平面，桶的下部侧面设有出水口，以备发酵完毕排出污水。此桶的内直径为1.8m，深2m，容积5.1立方米，可装干纸浆500kg左右。

5.3.5 成熟

当原料进行灰腌、发酵之后，如何判断浆料是否达到了成熟阶段。主要是应掌握好两个因素，一个是时间，另一个是标准。（1）时间。灰腌的时间长短，依气候、原料而异。一般是30~90天。（2）标准。堆沤中如果看到草堆变色，必须"翻堆"，就是把草堆的上边草料垫在下边，下边的草料堆在上边，相互颠倒。同理，原来堆在里边的草料放在外边，外边的草料放在里边。如此再灰腌一段时间，直到发现草的黄色减退，并显出光泽时即表明灰腌完成。随后，可以散堆、脱灰，用水洗去灰渣。进入下一道工序。

5.4 蒸煮

5.4.1 蒸煮设备

（1）楻锅

楻锅，前已述及，又称楻桶、楻甄、纸甄、蒸煮锅等，是供蒸煮纸浆之用的主要设备。其结构各地不完全一样，因地因人而异。可以列举多种型式：

第一种是木桶式（图5-14），在大铁锅上倒立一个无底圆柱形木桶，锅的直径是100cm，深35cm，木桶的上口径190cm，下口径200cm，深220cm，容积6.5立方m，可容竹麻650kg。顶部加有圆形的木盖，盖下铺有占布或草席。

图5-14 木桶式楻锅

第二种是石围式（图5-15），有的是用石头或砖砌在一口大铁锅上，锅的直径为100cm，锅沿上架起木栅。外围用一块块凿好的

图5-15 石围式楻锅

图5-16 木围式楻锅

石头，堆砌而成弧形的围壁。石头缝之间，用石灰伴以桐油填满，防止漏汽。顶端盖上厚厚稻草。下边有灶烧火。可以用木柴、树枝，或者是煤块。

第三种是木围式（图5-16），在灶膛上架一铁锅，其口径（直径）1.2m、深0.6m，锅上有用木棍纵横交错结成的箅子，铁锅上方架有用木板围成的"大桶"（图5-17），大桶高1.65m，上口直径

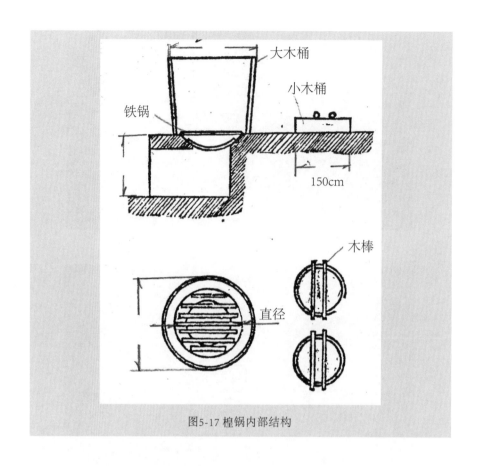

图5-17 榥锅内部结构

1.65m，呈上窄下宽的圆柱体，加固榥桶不用竹索或铅丝，而是在榥桶四周用鹅卵石砌成厚30cm的围墙。以围墙代替桶箍，体现原始风格。

（2）蒸煮器

蒸煮器又名蒸锅，分为两种：一种是圆盆形敞口铁锅（图5-18），另一种是圆筒形的压力容器，它又分为常压蒸煮器（图5-19）、压力蒸煮器（图5-20）。敞口铁锅、常压蒸煮器是在常压下操作，下边是灶（烧柴或煤均可），而压力蒸煮器则需要有配套的锅炉产生有压力的蒸汽，操作要求比较高。不论采取什么样的蒸煮器，其目的就是为了制取符合生产要求的纸浆。

图5-18 敞口铁锅

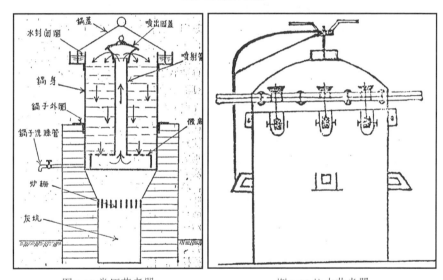

图5-19 常压蒸煮器　　　　　图5-20 压力蒸煮器

5.4.2 蒸煮条件

（1）蒸煮剂

普通用来的是草木灰、锅灰（还有坑灰）是由草木燃烧后残留的灰分，主要成分是碳酸钾（K_2CO_3），还有少量的硫酸钾（K_2SO_4）、氯化钾（KCl）及其他微量元素等。按氧化钾（K_2O）

计的数量为3%~10%，溶于水呈碱性反应。故早期也用它来处理植物原料。

从前也有使用"桐壳碱"的。它是把桐子树上的圆形果实（名叫桐子，包含有桐子米和桐子壳）。将桐子米进行加工榨出桐油。将留下的桐子壳，经过燃烧成灰制得了桐壳碱——其化学成分也是碳酸钾（K_2CO_3），作用与草木灰一样。

也有使用纯碱作为蒸煮剂的。纯碱的化学名称叫无水碳酸钠（Na_2CO_3），它的另一个俗名是苏打（Soda）。还有两个俗名容易与它混淆，一个叫小苏打，化学名称是碳酸氢钠（$NaHCO_3$）；再一个叫大苏打，化学名称是硫代硫酸钠（$Na_2S_2O_3$）。

碳酸钠有无水碳酸钠和含水碳酸钠（或称一水物、七水物、十水物碳酸钠）之分。无水碳酸钠的纯品是白色粉末或细粒。比重2.532，熔点851℃。它的工业品，含有少量氯化物、硫酸盐和碳酸氢钠等杂质，呈浅灰色。碳酸钠易溶于水，不溶于酒精、乙醚，吸湿性强，能因吸湿而结成硬块。并能从潮湿空气中逐渐吸收二氧化碳（CO_2）而逐渐变成碳酸氢钠（$NaHCO_3$）。故必须贮存在密闭的铁罐（桶）或玻璃瓶中。

后来再用氢氧化钠（NaOH），它的俗名有烧碱、火碱、曹达、苛性钠。纯品是无色透明的晶体，相对重度（比重）2.130，熔点318.4℃，沸点1390℃。工业品含有少量的氯化钠和碳酸钠，是白色不透明的固体，有块状、片状、粒状和棒状等。因为氢氧化钠的吸湿性很强，易溶于水，同时强烈放热。它露放在空气中，最后会完成溶解成碱液。它也有强碱性，对皮肤、纸张、衣服等有很强的腐蚀性。它还易从空气中吸收二氧化碳（CO_2）而逐渐变成碳酸钠（Na_2CO_3），所以贮存时要使用密闭的铁质或玻璃容器。

（2）用碱量

蒸煮时的用碱量一般是对风干原料（或绝干原料）的百分数表示的。所谓风干，就是在自然状态下原料中的含水量（通常按10%计算）。而所谓绝干，就是原料中的含水量为0%（即在电烘干箱将原料中的水分完全蒸发掉）。手工纸业中常常不做实验测定，以眼看、手摸的感觉，大体估计原料中的水分。然后也凭借经验加入石灰或碱液量。这好似中国人做菜加油、加盐那样，随意调理。而与做西餐时加油25g、加盐3g，是完全不一样的。

麻类蒸煮通常不用碱，仅利用水蒸汽使原料中的纤维之间进一步分开。

树皮类蒸煮时，一般的用碱量（对绝干原料，下同）是5%～15%。草类蒸煮的用碱量是4%～10%。竹类蒸煮的用碱量是6%～12%。

由于蒸煮剂不同、用药剂的数量不一样，因此用碱量在进行对比时有必要加以换算。蒸煮时所用的碱，常用烧碱（$NaOH$）或氧化钠（Na_2O）来表示。按照化学分子式：Na_2CO_3 的分子量＝106，$NaOH$ 的分子量＝40，Na_2O 的分子量＝62。

那么，它们之间的换算关系是：如果要求把Na_2CO_3、$NaOH$换算成以Na_2O计，只需乘以相应因数。①Na_2CO_3 换算成以Na_2O计的因数为0.585（即62/106＝0.585）。②$NaOH$换算成以Na_2O计的因数为0.775（即62/80＝0.775）。

相反，如果要求把Na_2O换算成以Na_2CO_3、$NaOH$计，只需乘以另外的相应因数。①Na_2O换算成以Na_2CO_3 计的因数为1.710（即106/62＝1.710）。②Na_2O换算成以$NaOH$ 计的因数为1.290（即80/62＝1.290）。

（3）蒸煮温度

手工纸的制浆条件多为"常压"状态，故其温度均在100℃以下。只有改进后使用压力容器时，其温度随饱和蒸汽的压力增加而提高。在不同蒸汽压力下的温度是：

1个大气压（kg/cm²）即0.1 MPa　　相应的温度为120℃

2个大气压（kg/cm²）即0.2 MPa　　相应的温度为133℃

3个大气压（kg/cm²）即0.3 MPa　　相应的温度为143℃

4个大气压（kg/cm²）即0.4 MPa　　　相应的温度为151℃

5个大气压（kg/cm²）即0.5 MPa　　　相应的温度为158℃

农村纸工因经验积累，常常用观察锅口放气的状况和对周围受热的感觉来估计温度的高低。尤其是对常压下的蒸煮温度，与真实温度往往十分接近。

（4）蒸煮时间：

煮料依据时间的长短，分为一次蒸煮和二次蒸煮。原料经过灰腌发酵之后，纤维中伴生的杂质还没有除尽。这就需要在加热的状况下进行蒸煮，通常是蒸足三天（72小时），一边火烧，一边添水，使纸甑中的温度保持在100℃左右，这种处理叫做一次蒸煮。

有的原料单进行一次蒸煮还不够，当把一次蒸煮完毕的浆料取出，再以石灰水处理一下。然后重新把它们装入纸甑，只是将原来上层的浆料放到下层，原来下层的放到上层，如此翻倒一下，是使浆料能够均匀蒸透。第二次要蒸足一、两天（24~48小时）。这种处理也称为二次蒸煮。

有的地区把一次蒸煮叫做头锅也叫灰蒸煮。所谓二次蒸煮，就叫二锅也叫碱蒸煮。其区别之处就是使用的蒸煮剂不同，即先用石灰，后用土碱或烧碱。

5.4.3 注意事项

古代因多使用碱性较弱极的蒸煮剂，而且采取长时间的沤料、发酵处理。同时，又因一地的产量不高，故对水质和环境的破坏性较小。但是，传统的古法造纸走到了今天，为节省时间、提高工效，对许多工序进行了简化，传统技艺发生了异化或变形。再加上手工造纸面临机制纸的压力，人才断档，环境污染问题日渐突提出。所以，手工造纸的生存空间到底还有多大，蒸煮制浆是极待解决的一个问题。

据报道，多年前我国重要的手工纸产地之一——四川省夹江县，按照省委、省政府"既保护环境、又保护传统手工造纸文化遗产，既保护纸农利益、又彻底根治手工造纸所造成的环境污染"的原则，制订了"集中蒸锅，统一治污，分户造纸"的工作方案，经过积极的努力，已经取得较好的效果，曾被严重污染的马村河的河水，水质有了明显的改善，COD下降到11mg/L，达到了现在允许排放废水的Ⅱ类标准。

5.5　方法

5.5.1　生料法

所谓生料法，就是将原料（如嫩毛竹）经过水泡之后，再用石灰腌制，使其产生发酵变化，便得到一丝丝的竹料。而后，把竹料加以多次洗涤，送入石碾中磨碎，成浆后加黄色染料搅匀，用竹帘捞纸，火墙焙干，即成毛边纸。这种用手工造纸法制造的是传统毛边纸，其生产效率很低，现在已经很少有人采用。

由于生料法的作用缓和，毛竹中的一些杂质未除干净；加上也不漂白，故其竹浆的色泽显现泛黄。为调色起见，加入一点黄色染料，虽然是借以掩盖色泽之不足，但是这种纸色对人眼的视力却有好处。

5.5.2　熟料法

所谓熟料法，是在生料法基础上的进一步发展。它的工艺过程比较复杂，首先将砍下的嫩竹截断，放入水塘里浸泡50余天，要求水满竹面，中途不能缺水，使其润湿发酵。待其熟后，用人工分捆成束备用。其次是浆灰发酵，这也叫"落湖"。向腌料池中开始注入少量清水，把秤好的石灰（用量对竹麻为50%）倒下，继续补充水，搅拌成石灰乳。随后慢慢放入上述熟竹麻，浸渍时间为1天，务必使竹麻与石灰乳混合、浸透。再把竹麻捞起，叠堆、夯实，上盖茅草，堆积发酵。春冬需30~40天；夏秋需15~20天。堆置7天后要翻堆1次，上下调位，使发酵作用均匀。再次是竹丝洗涤。把经过发酵后的竹丝，送到池塘中，任长流水冲洗，把石灰渣、黑丝等杂质洗去，大约需时4~5天，直到见水清彻零。而后是煮料（所谓熟料法，即指此而言），把洗净的竹丝结成小束把在竹竿上阴干。然后放入楻桶，升火蒸煮12小时，锅顶冒蒸气，停火，焖锅24小时。竹丝煮软后取出，洗涤，放在竹竿上晾干。如此反复操作3次，洗净，把竹丝打成"饼料"，送上山进行漂白（晒白）。

5.6   洗涤

5.6.1   人工洗浆

人工洗浆使用的洗料袋（俗称布袋）可由普通白布缝合而成。一般是用一丈二尺左右的白布，对折成袋，其边密缝，一端闭合，一端敞开。袋中可置入料杷或木杷，以利洗浆时搅动（图5-21）。每次用完后，布袋应翻倒过来，在水中把残留在袋面的小渣滓冲刷干净，以备下次使用。

图5-21 人工洗浆

5.6.2   流水洗浆

洗料池，又名"漂塘"，系用石板或水泥砌成的椭圆形"池

图5-22 流水洗浆
(在设有高低位差的流水中放置用布袋包的粗纸浆，
经过半月以上的洗涤，冲刷去掉杂质)

子"（图5-22）。 一般是长径6m，短径4.5m，平均深度0.7m，容积为15立方米。此池应建在靠近蒸煮锅旁或有自然流水的河道边，或自行挖掘水渠，以便于装、卸料。在池的上端有一"进水口"，可引水入池。池底呈斜面，并有一"出水口"，口处装有闸门和滤水门（筛网状），防止浆料流失。这种洗涤方式的缺点是：洗涤时间较长，纤维的损失量较大，而且不易洗净。可作为浆料的初次洗涤，下一步还需要第二次洗浆。

5.6.3　摆浪洗浆

所谓摆浪洗浆，就是两人站在河岸边，双手各自拉紧布袋（内装有待洗的浆料）的一端，缓慢地将布袋放入河水中（图5-23）。浸没一刻，提起，左右摇摆。再浸没入水，提起，左右摇摆。如此

图5- 23 摆浪洗涤

反复地进行数十次，其间稍停几次，用木杷掏动布袋内的浆料，以使洗料分散、均匀洗涤。这一操作，耗费体力较大、时间较多，采用者较少。

参考书目

[1] 方汉城，《造纸概论》，商务印书馆出版（1924）

[2] 浙江省政府设计会编，《浙江之纸业》，启智印务公司印刷（1930）

[3] Dant Hunter，PAPERMAKING the History and Technique of an Ancient Craft，Alfred A. Knopf, Inc. 1947

[4] 造纸局生产技术处，手工纸的发酵制浆法，《造纸工业》1959年2期

[5] 山西省轻工业厅编，《制浆造纸技术讲义》， 1979年铅印本

[6] 王箴主编，《化工辞典》（第四版），化学工业出版社（2000）

第6章
手工纸的漂白

6.1 漂白原理

6.1.1 什么是漂白

所谓漂白，其主要目的是改变"物体"（植物纤维）内有色部分的组成，以获得颜色较白的纸浆。植物纤维之所以有深色，是因为它内部存在有一种叫"木素"（又称木质素）的化学物质。木素有几个特点：一是它与纤维素、半纤维素等伴生在一起，且是个大分子化合物，十分"顽固"，通过一般蒸煮、洗涤很难剔除干净；二是木素大分子中存在有各种基团（如醛基、酚羟基等），在外界条件的影响下，又容易发生变化，变成有色基团。因此，有人认为，漂白的目标应该是把纸浆中的有色基团变成白色，而不是把木素除去，实际上如果不破坏其他的伴生物，而要把纸浆漂至高白度是十分困难的。

关于漂白（"变白"）的方法，通常有三种：一种是还原性漂白，即设法选择性的改变有色基团的结构，只是脱色，对纤维没有不利的作用。另一种是氧化性漂白，对纤维中的有色物质（如木素）进行破坏，它可以看作是"蒸煮的继续"，即同时对纸浆纤维产生一定程度的损失，常被称为"化学漂白"。第三种是吸附性漂白，即油脂脱色，需用的漂白剂膨润土等。以上三种漂白方法，前两种适用于固态物体，如造纸、纺织等工业。第三种则多用于液态物体，如油脂工业。

我国古代的晒白方法，却兼有氧化-还原反应的两种作用。它既使纸浆纤维中的木素发生有利于变白的变化，又对纤维素、半纤维素起到一定的保护效果。但是，只有通过缓和的"日月光华"，才能达到预想的结果。

6.1.2 白度

衡量漂白后的结果，必须是在光谱的指定部分测得光线的反射率，这就叫做白度（又称亮度）。简单点说，就是纸张对照射过来的光进行反射之后，作用于人眼所产生的印象，即表示纸张的光亮程度。

图6-1 白度计

过去，由于手工纸的白度没有设定"定量化"的标准，因此使用了诸如"洁白如玉"之类的形容词，或是定性化的说明来描述。而机制纸的白度，则可采用白度仪进行测量。这样一来，便有了定量化的数字。

造纸工业对机制纸白度的定义曾经是：以已知的氧化镁板的反射度为100%，在同一波长（457纳米）光的照射下，用所得反射度的百分率来表示。采用不同的白度计，即在可确认白度之高低[1]。国际上通用的白度是% GE，我国的白度（亮度）是% ZBD（机制纸）。不过，现在使用测定白度的仪器（图6-1），列有多个标准照明体，即白度仪内有几种不同的光源：A、B、C、D55、D65、D75等。造纸工业常用的是C和D65，二者均为平均"昼光"。C光源不含紫外辐射能，不能激发荧光；D65光源含丰富紫外辐射能，可激发荧光。由于当今一般白纸大量使用荧光增白剂，D65白度主要用来测定这类白纸的白度。采用 D65光源测定白度与传统的白度测定有所不同，它其实包含了部分视觉白度在内，因此数值较高。D65方法其实就是一个光源，测定时选择适当的按钮即可。

---

[1] 天津轻工业学院化工系造纸教研室编，《制浆造纸技术讲座》，轻工业出版社1980年版，p324。

6.2　日光晒白

　　中国手工纸常用的传统漂白方法，即浆料之漂白是全赖日光，即所谓"日光晒白"，亦称"晒料"。它是利用自然中晴天的太阳光照射和雨天的电闪雷鸣交替作用——所产生的紫外线和臭氧（O_3）的综合作用的结果，才把原色纸浆改变为白色纸浆。

　　由于太阳高能紫外线的辐射，大气上层氧分子起光解作用，并结合成臭氧。臭氧层位于距地面20~25公里高空，其含量仅占同高度空气体积的十万分之一，且其数量随纬度、季节等因素而有所不同。因此，利用臭氧来漂白纸浆，受了"路远、量少、多变"诸条件的限制，只能缓慢、逐步、反复地进行，如此一来，必然要延长更多的时间和精力，增加劳动强度。在古代，这种耗时特长的工序，实在是没有办法的办法。

　　后来，又有人称它为天然漂白，取其为"顺其自然，听从天命"之意。具体的操作是，把洗净的浆料运到向阳的山坡上摊开，利用长时间的日晒、雨淋，再把纸浆经过反复翻倒，大约需要2~3个月甚至更长的时间，直到纸浆的颜色变白为止。

6.2.1　选址（地点）

　　早先，手工纸如不经过漂白，自身呈原色（即褐黄色），不符合人们书写的需求。后来，造纸技术进步了，采取了自然晒白的方式，以提高纸浆的白度。对纸浆进行晒白之前，要把草料彻底的清洗干净，然后打成束形的"草料"，以利搬运。

自然晒白的场地，应选择一块平坦向阳的茅柴山坡上。其坡度以30度为宜。砍去地上粗大的树干只留下"毛柴"，剪平后而形成了"漂床"（图6-2）。然后，把浆料一摊一摊地平铺在漂床上。周围要防止牲口等混入，避免它们拉屎撒尿，沾污纸浆。

图6-2 漂床

6.2.2 铺料

每捆草的重量约120~150斤，由人工运到场地。摊晒草料要厚薄均匀，切忌乱放。每经过一遍雨后，要对草坯进行翻草。翻草时，要将草抖松，以除去剩余灰渣，随翻随清理草块下面的碎草，掺放于翻后的草块上。经翻晒的草料晒干成了草坯。

草坯是通过一次石灰脱胶的稻草，由于空气和水的作用，在草坯表面附有很大部分钙盐灰尘，不易洗净，适宜抖除。晴天草坯干燥，灰渣容易抖除。因此，抖草坯适宜晴天，阴雨天不宜于操作。抖草坯可分为抽心抖和放堆抖两种。抽心抖（也可称作抽堆抖）在劳力不足的情况下，又为不使剩余的草坯在野外遇风雨天气造成损失而采取的工序。此工序由操作工，在堆的周围采取抽心取草的方法，把草坯拉出来抖。其好处是不破坏堆头、堆脚，草坯抖不完，也不影响剩余草坯在野外储存。放堆抖是劳力充足的情况下，从草坯堆的堆头按次取草，当天抖完一堆草，功效高，速度快。

捆收草坯时，要清除自然掺入的野垃圾，拍抖草坯余灰，清理碎草。草坯要收得干，捆收下山的草坯，搬运至草坯堆场成堆储存。也可在干燥的地面上堆成锥形草堆储存备用，堆草坯堆要填好堆脚盖好堆头，堆脚基是由碎石和河卵石铺成，要有一定高度，基面层也应有一定的坡度，垛基四周要挖好水沟，保证排水畅通，避免潮湿霉烂。

6.2.3　翻摊

草料或浆料在漂床上，平摊时应用耙子把它们打开，以利于日晒雨淋。根据气候条件的变化，适时地进行翻倒或摊翻。所谓摊翻，就是把上面晒过的浆料，调倒到下面；而下面没有晒过的浆料，反翻到上面来。通常浆料摊晒的时间是50~90天，需要有经验的纸工进行现场指导。这项操作需要很多的人力，且劳动强度大，花费的时间也多。故必须有计划、有组织地进行安排，才能提高工作效率。

6.2.4　完成

浆料经过日晒雨淋多时，遇有电闪雷鸣日时更好，使其自然由黄转变成白色、软熟为止。自然"晒白"后的浆料，根据生产上的需要，有时还再用纯碱（Na_2CO_3）蒸煮1次，以利于保持白度稳定。

6.3　化学漂白

6.3.1　基本概念

根据研究：手工纸在清代之前，几乎所有的浆料皆采取日光晒白（漂白）法加工处理。自从公元1911年之后，开始使用了漂白粉[1]。那时有人到日本去考察，了解了这种利用化学药剂的漂白方法，归国之后学来的。化学漂白需要的时间较短，往往只要几个小时就能解决问题，当然比晒白要快得多。不过对纤维的损伤较大，所得到的浆料也容易"返色"（即白色不能持久，逐渐回复到原色）。

过去，常用的漂白剂是漂白粉（$CaOCl_2$）是一种白色粉末状物质。散发有氯的臭味，暴露于空气中易分解，遇水或乙醇也分解。宜密封贮存。一般含有效氯约35%，是价廉有效的漂白剂。后来还使用有漂精，白色晶体，不吸湿，主要成分是次氯酸钙$Ca(ClO)_2$，一般含有效氯约70%，比漂白粉高一倍，效果也较好，其售价高一些。

曾有人进行过使用保险粉来进行漂白纸浆的试验。保险粉是商品名，它的化学名称叫连二亚硫酸钠$Na_2S_2O_4$，白色细粉末，有时略带黄色或灰色，具有特殊臭味和强还原性。能溶于水，不溶于乙醇。极不稳定，易氧化和分解，受潮或露置于空气中会失去效力。且有着火燃烧的危险，加热到190℃会发生爆炸。

---

[1] 蒋玄怡《中国绘画材料史》，上海书画出版社1986年版，p18。

天然晒白与化学漂白的不同之处是：因为前者是通过缓和的自然条件（日晒、雨淋），反复多次处理，花费的时间长，才将（纸浆）纤维内残存的非纤维杂质（如木素、半纤维素、鞣质等）几乎全部除掉，只留存十分纯粹的纤维（素），当然不会再变色。而后者却是通过激烈的化学条件，处理次数少，花费的时间短，杂质并没有清除多少，留下的纤维不够纯粹，放置一段时间后又会变色了。所以，浆料的白度是否能持久，关键在于纤维的纯粹度如何。

其后，又有利用双氧水来漂白的，双氧水的化学名称叫过氧化氢 H_2O_2，无色液体，相对密度为1.438，沸点151.4℃，能与水、乙醇或乙醚以任何比例混合。市面出售的双氧水一般是30%和3%水溶液，但浓度可达90%以上。贮存过久，会分解为水和氧，效用大降。使用时只需按一定的比例数量与纸浆混合，维持一定的温度和时间，把浆料漂白到要求的白度即可。以上这些方法都统称为化学漂白。

6.3.2　漂白设备

漂白设备有两种：一种是手工漂白用的漂白桶，它是一圆形木桶，一般内径1.33m，深0.6m，容积0.83m³，每次可漂白干浆25kg左右。

另一种是机器漂白用的漂白机，它是手工抄纸从洋纸业引入的。该机是一种早期生产机制纸时使用的漂白设备，常称贝尔麦式漂白机（以瑞典人贝尔麦命名）。其结构是：一个带有两道沟道、呈椭圆形的大槽（图6-3），槽体系用钢筋混凝土建成，内壁贴有瓷砖。槽内的各部位平滑，转弯处呈圆弧形，以减小浆料流动时的阻力。沟槽处安装有洗鼓1~2个，槽的尾端装有螺旋推进器，以循环浆料，使之均匀漂白。再用洗鼓除去浆料中残余的漂白液即可。

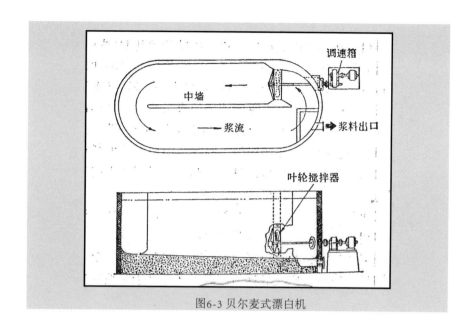

图6-3 贝尔麦式漂白机

6.3.3 漂白过程

手工漂白比较简单，其操作过程是这样的：向一盛有清水的小木桶中倒入漂白粉，用木棒不停地搅动，加速溶解，再静置24小时，取上边的漂白清液备用。另外，向漂白桶中加入少许一些清水，再取一定数量的浆团倒入桶内。用木棒搅拌，使浆料分散开来。随后把漂白清液按用量加入漂白桶中，搅拌，均匀混合后静置2~4小时。视浆料变白的程度，如达到要求的白度，就再加入部分碱，使其停止反应。最后将浆料进行洗涤，再做成圆形"料饼"，备用。

机器漂白比较复杂一点，首先向漂白机内加入一定数量的清水（约槽内长度的1/3处为界），开动螺旋推进器使槽内清水开始不停地循环流动。随后，把纸浆按浓度为7%左右的计算数量放入槽中。漂白机的电机能力为每吨浆3.7千瓦，浆料流动速度为6m/min，处理（漂白）浆料的容积为200~400立方米。再加入相应的漂白药剂，依浆料多少、白度要求计算而定。视漂白情况，当接近尾声时，可以放下洗鼓同时加入清水，循环数次。洗鼓每小时每平方米的排水能力10m³。待洗涤完成后，浆料从排浆口排出。

参考书目

[1] 袁代绪，《浙江省手工造纸业》，科学出版社，1959

[2] 穆孝天、李明回，《中国安徽文房四宝》，安徽科学技术出版社（1983）

[3] 俞晓帆，铅山连史纸的生产方法，《江西造纸》，1987年2期

[4] 曹天生，《中国宣纸》，中国轻工业出版社（1993）

[5] 呼志强，《中国手工艺文化》，时事出版社（2007）

[6] 天津轻工业学院化工系造纸教研室编，《制浆造纸技术讲座》，轻工业出版社（1980）

第7章
手工纸的打浆

7.1　打浆的作用

　　打料是手工抄纸中的传统习惯说法，指的就是造纸业中常称的专业名词：打浆（beating）。打浆是造纸生产中的主要工艺过程之一。它是在水中（或润湿状态下）对纸浆进行机械处理，使纤维形态及其物理化学性质发生变化，暴露出羟基（-OH），促使产生氢键结合，从而具有抄纸需要的特性，以及满足纸张质量的要求。过去，东北地区的人常把打浆叫做"叩解"（日文），这是借代语，早就不用了。打料仍在各地流传，准确地说是打浆（作用）。

　　打浆的作用很重要，同一种原料，只要采取不同的打浆度[1]，就能抄出不同性能的纸张。按打浆作用可以分为：粘状打浆和游离状打浆，前者的打浆度高（90°SR以上）；后者的打浆度低（30°SR以下）。此外，还有半粘状打浆、半游离状打浆等。按生产方式，又有间歇式打浆和连续式打浆之别。手工纸的打料基本上是间歇式的操作。而近现代时，机制纸则绝大多数采以连续式的打浆方式。

　　从历史上说，造纸最早沿于漂絮法，后来采用了麻类原料，"用棒反复捶打"这一工序，便从漂絮转移过来的。当初，为什么对麻类浆料要用棒进行反复捶打呢？在相当长的一段时间里，谁也说不清楚。而大量的劳动实践的结果证明，如果对浆料不进行反复捶打（打料），那么捞制出来的纸，不仅表面疏松不匀，而且强度

---

1 打浆度（Beating degree）：表示打浆过程后纤维发生"水化""帚化"的程度，常用单位为°SR（读作度）。打浆度测定的条件是：纸浆浓度为2%，水温是20℃，使用的铜网是80目。

不好。因此，对浆料必须要进行"打浆"。许多年以后，造纸业内流行一句话："纸是从打浆机里打出来的"。所以打浆的目的就是把纤维经过疏解、捣碎进而"帚化"，增加纤维之间的结合力，以利于得到匀薄的纸张。

在我的记忆里，有一件事印象颇深。那是好多年前，我去某地进行手工纸调研时，曾与一位老纸农谈及最早"捶打"浆料是如何开始的。据他追述❶：当初的先人有可能从拍打、揉面或去壳、春米的操作中受到启发，于是便借鉴来对浆料进行捶打，以增加捞纸时的"黏性"和成纸的"细度"。这一说法虽带有推测的成分，但作为从形成工序的物质基础上讲，也可供参考。

打浆既是造纸生产中很重要的一项工序，于是乎，各种各样打浆工具和设备便应时而生。那时候，古代中国是一个农业社会，自然而然地在工具上与农业挂勾，先是供助棒棍来敲打麻浆，但麻纤维质地较粗，不及丝纤维柔和。于是，人们想到借用春米的石臼（jiu，音旧）、碾磨等器具来处理麻浆。这就是早期打浆设备和操作产生的历史背景。

打料使用的器具，从最早的砧杵、捶打一直演进到碓臼、机打，沿着一条从原始至进步的加工轨迹向前发展。如果抄造白纸，就把漂白后的浆料直接放入打浆器具中进行。如果抄造非白纸，同样可把洗涤后的浆料打成绒泥状，不含筋丝，即可送去捞纸。

---

1 刘仁庆，《造纸趣话妙读》，中国轻工业出版社，2008年版，p51～52。

7.2 砧杵

最早的打浆设备叫做"砧杵"（zhen-chu，音真楚）。所谓砧，是指捶或砸东西时垫在底下的器具，造纸用的多是石板或木板做成的。所谓杵，是指一头粗一头细的长形木棒。而这里说的砧杵，就是用木棒向石臼（jiu，音旧）里捣砸纸浆的工具（图7-1）。不过，由于木棒的力量有限，早期的打浆很费气力和时间。往往一台石臼纸浆需要用木棒上下捶击几千次，才能使浆料达到生产的要求。

图7-1 砧杵

使用砧杵打浆者多是妇女，她们把劳动和娱乐结合在一起，一边干活，一边唱歌。直到现在，西藏地区建房子的时候，人们仍然会采取这种捶击方式来打地基。虽然，这种操作对一般人来说是很累的。可是，因为有兴趣而且以"玩"的方式来进行，人们仍然是很快活的，所以这种打浆方式还是传承了很长的时间。后来由于砧杵打浆的工效实在太低，跟不上捞纸的要求，产生了很大的矛盾。不久，男人便介于其间，很快地砧杵被捶打所替代了。

7.3　捶打

　　捶打又称拍打，就是用木板子或木捶子敲击纸浆。这种动作很早就在人们的生活出现，比如拍打面团等。后来借用来打浆，试用后效果不错。这种方式又演变成两种：

　　一类是采取在木桌或木（石）案上平铺上纸浆，使用木板子击打（图7-2）。由一人（或多人）似乎像打铁似的不停地拍打，过一段时间将浆料翻倒过来，继续拍打，直到把纸浆打成泥膏状为止。因为这种操作需要较大的臂力，通常以男人来担当此任。

图7-2 木捶拍打

　　还有一类是用木捶在木墩上击打纸浆。木捶的底面有不同的纹理，这是依据处理不同原料而设计的，一般有三种纹理：（1）直纹，（2）斜纹（3）错纹（图7-3）。此项操作要求不高，多由妇女、小孩子来完成。

图7-3 底面纹理

　　捶打纸浆的效果自然比砧杵好许多，可是因双手执拍或单手握捶，上下挥动，其劳动强度仍然很大。于是有人联想到农业上碓打稻谷的操作，可以借鉴来处理纸浆。踏碓便从此进入手工纸打浆的行列。

7.4 踏碓

踏碓（dui，音对）也叫脚碓。它是借用农业碓打稻谷而引入的打浆方式，即利用简单的物理原理，让单脚踏石碓而打击纸浆。从而大大地节省了体力，并且明显地提高了工效。碓浆以"次"计（自上而下捶打算一次），通常要打几百、上千次。用脚踏杵捣进行打料，因其打浆效果好、减轻劳动强度，提高生产效率，曾受到广泛地应用。

7.4.1 单人踩

踏碓的结构并不复杂，主要部件一个是碓头，另一个是碓窝（图7-4）。

踏碓原系农村的舂米工具，操作简单，一学就会。一起一落，

图7-4 单人踏碓

往往不下几千上万次，就把糙米脱壳舂成白米。

踏碓由埋在地下的碓窝（又称臼窝）和长达两米的木杆，以及木杆头上的碓头组成。木杆的一端是碓头和臼窝，另一端可用于脚踏。踏板踩下，木杆高高扬起，碓头重重落下，白花花的米粒和米糠在重击下分开。打浆也是利用这个道理让纸浆纤维发生"帚化"作用的。

随着社会的发展，踏碓也失去了原有的舂米功能，农村里大多数人家的踏碓在岁月中流失，已经成为历史"古物"。在手工纸的生产中，踏碓也不是全部丧失了它的功效。

7.4.2 双人踩

为了扩大踏碓的作用，也可以采取双人、多人（甚至机械）对其进行操作（图7-5）。碓窝在1958年"大跃进"运动中，曾经被人敢想敢干，设计过多种图案。这些碓窝（或底座）的形状包括有：①凹面形；②斜纹形；③长短线；④放射线；⑤错位线；⑥螺旋线等（图7-6）。最常用的还是：斜纹形图案。从整体上说，它是利用杠杆原理，以支点与距长的关系，按脚踏力扬起石碓来打击

图7-5 双人踏碓

凹面形　　　斜纹形　　　长短形　　　放射形　　　错位形　　　螺旋形

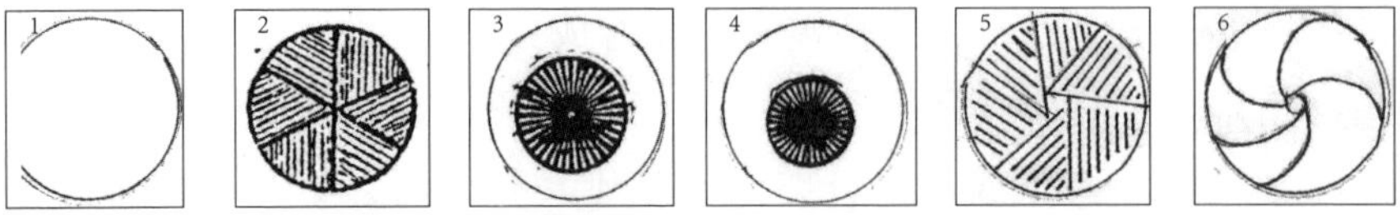

图7-6　碓底座图形

纸浆。有单人的、多人的。但因耗费过多人力，亦采取的是间歇方式，故劳动效率并不理想，推广受到了阻碍，不久就消失了。

　　从踏碓的底座"改革"，我们可以得到如下的启示：任何单方面的改变都难以取得完满的效果。因为踏碓有一对主体，只依靠改变碓窝的面纹，而对碓头不做相应的改变，最后是一场空。所以，在进行改革前，技术上必须作全面的思考，务必慎之又慎。"大跃进"的结局是欲速则不达，是为深刻教训。

7.5　水碓

水碓原为农业生利用水力运动而作的舂米装置。我国很早就已应用，据《晋书》载："今人造作水轮，轮轴长可数尺，列贯横木，相交如滚抢之制。水激轮转，则轴间横木间打所排碓梢，一起一落舂之，即连机碓也。"

7.5.1　水碓

水碓由水轮、曲柄轴、碓杆、碓石等组成（图7-7）。使用水碓的前提是：必须有流水资源，而且应有高位差的河水、山涧泉水（流量要大）方可。以流水带动筒式水轮，水轮连动水碓。当然，建造水碓还需因地制宜，依地形、水量、水位和资金投入等加以酌定。显而易见，水碓的工作效率又比脚碓高得多，且不用人力操作。

图7-7 水碓

7.5.2 碓臼

水流流不停，不分昼夜、不分寒暑，况且动力不能贮存，因此碓臼这种水碓打浆方式必须是连续作业，劳动条件十分艰苦。故有的地方，往往在晚间或酷寒时卸下横轴，只让水轮空转。由此可知，技术的发展是一步一步提高的。而这种技术既离不开当时的生产水平，又要适应环境，还要比原来的更先进。碓臼的形式跟踏碓相近，有平面的、臼窝式的。两者的区别就是原动力不一样，一个是水力；另一个是人力。

7.6 石碾

石碾（nian，音撵）或称杆捣，以石槽加碾子配合，用人力或牲口拉动打压原料或纸浆。起初人们想利用石磨来处理纸浆，但在实践过程中遇到一些问题（如送料不易，出料困难，浆料纠结影响转动等），只好放弃了。再改用力量较大的石碾。石碾一般为石质的圆形结构，有落地式和高架式两种。落地式石碾，由圆形碾槽和石质碾辊以及木质横杠等（图7-8）组成。可以采用牲口拉动，不停地转圈。

图7-8 落地式石碾

7.6.1 落地式石碾

落地式石碾是由碾盘和碾辊互相间的摩擦和挤压作用，使浆料中的纤维发生"帚化"作用。这种加工必须是在有水存在的条件下才能发生。同时，它的"起效"也是缓慢的，可谓"慢工出细活"又有效率低的缺点。

7.6.2　高架式石碾

高架式石碾是由石墩架高的碾盘和石辊以及支架等（图7-9）组成。可以使用人力或畜力推动，沿圆周运转。石碾以"圈"计（绕行到原点算一圈），一般也要几百圈以上。

石碾处理原料：将切碎的麻料放入碾槽内，同时注入适量的清水。随后牵来毛驴，利用畜力拖动石辊，先碾压一次3小时（约60圈），叫头碾。用木杈翻倒，使槽内麻料上下均匀受压。再碾压6小时（约120圈），叫二碾。看一看麻料是否碾碎，如果不够，还要进行再碾压6小时（再加120圈），这叫三碾。

石碾处理纸浆：先向碾槽内倒入一些清水，把其中的泥砂、污物冲洗干净。再把洗净的浆料投入，利用畜力拖动石辊，边碾边加清水，用木杈翻倒浆料。可以碾压两次或三次，头碾时间为4小时、

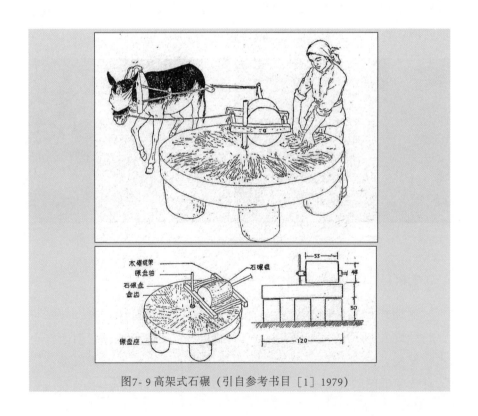

图7-9 高架式石碾（引自参考书目 [1] 1979）

图7-10 电动石碾

二碾为8小时、三碾为18小时。碾压的时间和圈数，可多可少，灵活掌握。以碾压后的浆料呈泥膏状为准，随后拍打成浆团。

过去使用石碾是依靠人力或畜力，其实通过改装，完全可以由电来驱动石辊运转（按电路设计来控制转速）。这样不仅减轻了劳动强度，而且也提高了效率，降低了生产成本（图7-10）。

7.7　"机打"

　　传统手工纸对现代机器打浆的称呼叫做"机打"。在漂白完毕后，再用清水洗涤纸浆。若以竹浆为例，其收获率约为50%（对风干竹丝计）。最老式的是荷兰打浆机，它的结构是：主要是由浆槽、飞刀辊、底刀、山形部、隔墙、洗鼓和升降装置等构成（图7-11）。浆料通过运转的飞刀和底刀之间的缝隙而使纤维受到复杂的物理-化学作用，从而提高了互相间的交织力，增加了纸页强度。由于耗电多（俗称电老虎），占地面积大，生产效率较低。打浆机由电力拖动，系间歇操作，可节省大量的人力。现在，在手工纸的工厂里还有使用的（多为仿照的打浆机，简称为电动打浆机）。而在

图7-11　荷兰式打浆机

生产机制纸的工厂早已被淘汰了。机打的操作条件是：纸浆浓度为4%~5%，刀辊转速100转/分，打浆时间1~2h（小时），每次打干浆量为30~40kg/台。

图7-12 柴油打浆机

在农村还有使用柴油推动飞刀辊转动的，简称为柴油打浆机（图7-12），它的动力小，处理浆料的数量少。一般只在小造纸作坊使用。

多年前，曾经有一本书上介绍过一种使用电力驱动的、半机械化的楮皮打浆器（图7-13）。它具有上下锤打的功能。而现在已是信息化时代，能否通过数字化原理，利用电脑软件设计出一种既能上下捶打、又有揉搓作用的新式打浆设备呢？望有识者予以指教。

图7-13 楮皮打浆器

7.8　成浆质量

7.8.1　经验判断

历来手工纸的打浆效果，全凭纸工的眼看手摸之经验决定。而且因原料、产地等不同，没有统一的说法。主要有手捻法和飘浮法两种。

老式的打浆结果之检查，所用的手捻法，十分朴素。每当打浆操作完成后，由纸工用手指捋少许泥膏状的纸浆，两指搓一搓，如果感觉得平滑、没有小疙瘩，就算"行了"；倘若感觉得粗糙、仿佛有粒子，就算"不行"，还要继续打浆。在碓打麻浆、草浆时多由此法凭纸工的手摸感觉来确定。

对于竹浆，常用的是（纤维）飘浮法。就是拿来一个小木桶（高一尺半，直径七寸），盛满清水。把经过碓打后的浆料，取一小勺，向水面摇晃撒出，仔细观察纤维在北水中是否分开，再缓慢地降沉下去。依照这个过程的时间长短来决定打浆的好与差。换言之，飘浮时间长的，表明打浆效果好（可以达到捞纸的要求）；时间短的（纤维成束，下沉很快），表明打浆效果差（需要继续打浆）。

有个别地方检验成浆的方法是，"取少量皮料放入一大碗中，加入清水，用筷子搅拌至匀，停止搅拌后水中纤维不成束，说明打皮程度适中"。这种土法过于粗糙，还是使用小木桶的漂浮法较好。

无论是采用手捻法，还是纤维飘浮法，这都需要多年的实践经验，用文字难以记述。有一种看法以为，依靠摸脉不用仪器才能练出好中医，如果只用手摸摸浆不用仪器就能解决问题，岂不更好。

7.8.2　仪器测定

　　为了提高打浆的工效，节省打浆时间，可以对浆料进行"机打"。那么成浆的要求就能用打浆度测定仪（图7-14）来确定浆料的打浆度。打浆度的物理意义，原本是判断极稀浓度（0.2%）的浆料在铜网上滤水快慢的程度。换言之，若浆料的打浆度高，意味着滤水速度慢。反之，打浆度低，意味着滤水速度快。它的单位是：度

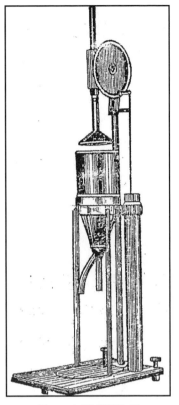

图7-14 打浆度测定仪

（用°SR表示）。打浆度测定仪是德国人肖伯尔（L.Schopper）和里格勒（J.Riegler）两人合开的通用仪器公司于1890年发明的。所以打浆度的取名才采用了这两个人姓氏的第一个字母（S、R）。但是，"机打"与手工踏碓（单位是：次）相比较，虽然它们一个是低浓（稀态）打浆，一个是高浓打浆，但是仍有一个近似的参照关系。有鉴如此，虽然曾经有人指出，手工造纸行业不宜引入打浆度的概念。所以，有的手工造纸业者选用了机打，仍然凭经验用手抓的办法，而不购买打浆度测定仪去实测数字。这种做法是不匹配的。

参考书目

[1] 潘吉星，《中国造纸技术史稿》，文物出版社（1979）

[2] 韦承兴，北京造纸史，《北京造纸》1986年2期（纸史专刊）

[3] 荣元恺，《蔡伦造纸术的发明与发展》，轻工业出版社（1990）

[4] 刘仁庆，打浆操作的起源与打浆设备的演变，《浙江造纸》2004年2期

[5] 高星，《中国乡土手工艺》，陕西师范大学出版社（2004）

[6] 张振、刘毅编，《造纸工业物理检验》，轻工业出版社（1984）

第8章
手工纸的抄纸

8.1　抄纸法

　　造纸法最初源于漂絮。东汉和帝时，学者许慎（约58—147）在编撰的《说文解字》（100—121年成书）中录入了"纸"字，并注释道："纸，絮一苫（shan，音善）也，从糸（mi，音密，细丝之意）氏声"。又道："苫，潎（che，音彻）絮箦（ze，音责）也"。过了几十年，东汉灵帝时的服虔（公元2世纪在世）在《通俗文中》说："方絮曰纸，字从糸（丝偏旁）氏"。对此，清朝浙江人段玉裁（1735—1815）在《说文解字注》中加以如下说明：按造纸仿于漂絮，其初丝絮为苫箦而成之。段玉裁又注曰："潎，于水

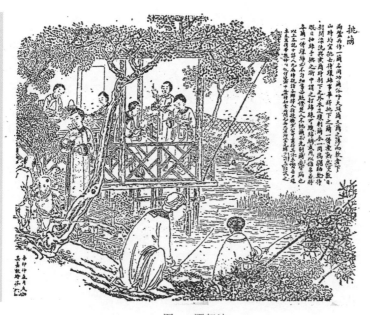

图8-1 漂絮法

中击絮也"。这就是说，初期造纸以絮为原料，以苦为工具，以潎为方法，以方为成品（形状）。因此，推知最初的造纸术源于漂絮法（图8-1）。

漂絮法早见于战国时代（前475—前221年），《庄子·逍遥游》中说："宋人有善为不龟手之药者，世世以洴澼洸为事"。意思是宋国人（今河南商丘以东江苏铜山以西一带）多以漂絮为业，能做防手龟裂的药。其中的洴（ping，音瓶）是"浮"之意；澼（pi，音辟）是"漂"之意；洸（guang，音光）是"絮"之意。简单点说，实际上就是把丝绵泡在水里，反复地捶打成丝絮浮上水面集合起来做成丝绵。这种方法从嫘祖养蚕缫丝开始，在我国流传的时间已经很久了。不过，只有当漂絮法与沤麻术相结合之后，人们把漂絮过程中的经验（如使用木棒和篾席的操作）和沤麻实践中的体会加以贯通，又从某些自然现象中得到启发——比如山洪爆发或河水猛涨时，被朽化植物的皮叶或藓苔冲流、汇集到岸也或石头上，取下来晒干便成了一层薄片。这可能是早期纸的雏形。

其后，在不断地实践中便产生了浇纸（古时称为"拨"，以手或棒推之，从波字声）以及改进后的捞纸（古时称为"撩"，理之也，从手寮声）等操作。所以，古代造纸术从原料选择、工具改进

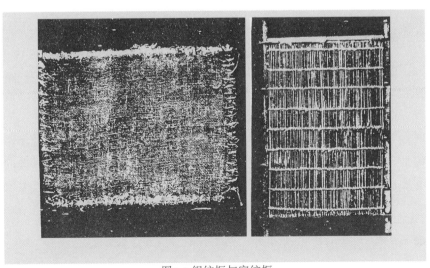

图8-2 织纹框与帘纹框

和抄纸方法上，可以看出这样一条发展的轨迹：由丝而麻、由席而帘、由泼而捞等，同时也由织纹框改为帘纹框（图8-2）。这里需要进一步解释的是，席指的是篾席，有的是用麻线、竹子编织而成的。帘指的是竹帘，古人在以蹲下制纸改而站立起用手执帘。至于泼，即是把浆料倾倒在篾席或麻布上，而捞即是使用竹帘把纤维从水中沥出来。就人类的动作而言，是一步一步地向前提高的。

所以说，从技术演变上看，浇纸比较简单，捞纸比较复杂。事物的发展都是从初级向中、高级前进的。从抄造过程上看，拨法由成纸到晒干，都在一张席上完成，一席一纸，工效甚低。撩法则一人一帘，一帘多纸，且可多人分工，揭纸焙干，工效颇高。由此推知，"拨在先、撩在后"，这两种方法是一脉相承的。

从新疆出土的古纸和敦煌莫高窟传世的经卷中，我们可以找到用这两种不同的抄纸法所得到的实物来佐证。新疆哈拉和卓地区出土的前凉建兴三十六年（348年）出土的残文书、阿斯塔那出土的西凉建初十四年（418年）麻纸，纸面无帘纹，或曰有织纹。这表明它们是采用浇纸法抄造而成的。而在甘肃敦煌发现的初唐贞观四年（630年）的一卷文书，纸面显出帘纹。这证明了至迟在那个时候的抄造方法已经弃用浇纸法进入到捞纸法了。

8.1.1　浇纸

浇纸法是我国最古老的一种造纸法，何时开始尚不可考。根据记载❶，在20世纪50年代初，浙江的富阳、新登，云南孟定、孟混，新疆的皮山、墨玉等地都有使用浇纸法（图8-3）生产皮纸。当时浙江富阳的制法简述如下：把用桑皮浆60%和稻草浆40%混合调匀后的纸浆，浇于竹篾（长度1.53m，宽度1.13m）上，再用海鸟的羽毛把篾上的浆料刷平，浆中的水从篾缝中渐渐滤出篾席上即形成

---

❶ 王诗文，《中国传统手工纸事典》，中国台北，树火纪念纸文化基金会，2001年版，p130。

图8-3 浇纸法

图8-4 晒纸架

一张湿纸。把附有湿纸的篾席稍斜地竖立起来，放在日光下晒干，这叫做晒纸架（图8-4），干后揭下，即为成品。即早期的一架一纸，干燥效率差。

现在我们回头来说，或许早期的是把残丝平铺在满满的一整张篾席上。待水沥干或晒干后便得到了丝纸，当然如果平铺的是植物纤维的话，那更是有力的佐证。因此，应该认为这种篾席可算得上是纸帘（竹帘）的前身，也是机制纸所用的"滤水铜网"的鼻祖。可见浇纸法自然是早于捞纸法。由于最早造纸时并没有创造出使用活动式的纸帘（竹帘）和以水作为分散介质来进行操作。因此，有必要再重复一遍浇纸法的过程及其发展。即先借用篾席，把经过打浆后的浆料朝席子上一倒，再利用羽毛把席上的浆料刮平，浆液中的水则从席子的缝隙慢慢地流出，席面上即形成一张薄薄的湿纸。放到太阳下晒干，揭下来便是纸。后来，为了防止浆料流失，也增加纸边的整齐，就在篾席的四周加上框框，并把席面绷紧，框边稍高一些，成为一个固定式的用来抄纸的框模，后人把它称为"纸模"。它就是浇纸法的主要工具。所谓纸模，就是用竹篾编成的篾席或者是用草编做成的草席，尺寸大小不定，呈长方形。将此纸模平放在两条长凳上，从浆桶勺出一定数量的浆液，浇到篾席或草席上，然后，把附上湿纸的框模稍微倾斜地竖立起来，抬移到太阳光下晒干。则干纸从席上被揭下，即得成纸。再往后，又把纸模浸没在水中，倒入纸浆，用小棒搅动纸模内的水，然后把纸模提高脱离水面，多余的水迅速漏掉。将纸模晒干后，从上边揭下纸来。由上述两种方式得到的纸，前者叫做干式浇纸；后者叫做湿式浇纸，它们得到的成品常称之为"布纹纸"（没有帘纹的纸）。

虽然用这种浇纸法来生产，相对于漂絮法是一个不小的进步。但是，每浇制一张湿纸就要连同纸模一齐晒干（下雨、下雪只好停工），需要的纸模数量太多，生产时间相当长，生产效率也很低，生产发展受到限制。因此，人们就寻求更好一些的抄纸方式，在编制纸帘（竹帘）问题解决之后，捞纸法应时而生。浇纸法逐渐地消失了。不过，由于各地经济、技术发展的不平衡性，有些边远地区至今还保留下来这种最古老的抄纸法。例如，我国西藏、新疆等地、亚洲尼泊尔、不丹等国。后来有人以为这种浇纸法是另一种新的抄纸技艺，似不可这样理解。

从研究造纸技术发展史的角度来看，从"漂絮"到"浇纸"是一次重大的革新，它第一次使浇纸成为一个独立的工序，开始把制浆和抄纸分为两个互相依赖又互相独立的两个部分。浇纸法本身不仅对中国造纸术的演变，而且对其传播路线提供了"活"的证据，是具有一定的学术价值和实际意义的。

8.1.2　捞纸

随着社会不断地向前发展，人们对纸的需要也日渐增加，这就促使造纸业要提高产量和质量。浇纸法所用的纸模，如果尺寸过大，从水中把它端平提起变得十分困难。为了保证纸浆在水中分散均匀，使成纸的匀度好，对纸模、抄纸而言就需要在更深的水和更高的框。纸模的框加高，必然增加了它的自重，用双手提框会更加吃力。如果不改变纸模的重量和操作，就没有办法大幅度地提高纸的产量和质量。

当时，造纸工具和工艺所暴露出来的缺陷，以致造成的与社会需要产生的矛盾，促成了造纸技术又一次进步。既然纸模是用竹片编织的，漏水慢，那么能否用竹丝来编成一种像窗帘一样的"纸帘（竹帘）"呢？这么做漏水会快一些的。并且把框模改成帘床，纸帘（竹帘）可以放在帘床上，纸帘（竹帘）与帘床能分能合。改变这个过程是十分漫长的。

起初，人们把带湿纸的纸帘（竹帘）从帘床取下，放在木板上晒干，这样做仍然在"走老路"。后来不知是谁将纸帘（竹帘）翻扑在木板上，脱落下湿纸，顺势提起纸帘（竹帘），湿纸在木板上晒干后同样能得到一张平整的纸。为了能使取下纸帘（竹帘）更灵活、方便，于是把固定的帘来改为可以拆卸的框架。这样一来，做到了纸帘（竹帘）与帘床可随时分开或合起，湿纸也可以从纸帘（竹帘）转移到木板上（或纸帖上），这是一个重大的突破，它完全改变了过去"一模一纸"的操作方式，而是进入了"一模多纸"的境地，一张纸帘（竹帘）就能够抄出千百张纸来，使生产效率大大提高。

方便的纸帘（竹帘）虽然加快了抄纸的速度，但是笨重的操作仍然困扰着造纸工匠。在生产实践中人们发现纸帘（竹帘）入水时，先入水的面积越小越省力，单边入水最省力。同时，纸帘（竹帘）提起后漏水的面积增大，纤维从缝隙中漏下的机会加多。当纸槽中含有一定比例的纸浆时，用纸帘（竹帘）去搜捕纤维，再加以摇荡使其均匀分布，纸浆便会在纸帘（竹帘）上形成一张薄薄的纸页。这个了不起的发现启迪了人们：纸张是可以用纸帘（竹帘）在悬浮着纸浆的水中捞起而成的。

纸浆在水槽中经过纸帘（竹帘）多次地抄纸，上下之间的纸浆浓度（纤维分布）会产生差别，从而影响到成纸的匀度和厚度。为此，造纸工匠们想出了一个简便、有效的办法来解决这个矛盾，那就是"拍浪"。所谓拍浪，就是纸工在举帘抄造之前，先执纸帘（竹帘）在纸浆悬浮液中摆动几次，使纸浆不停地上下翻滚，并掀起浪头。随后握帘迎浪而上，使纸浆均匀地分布在帘面上，接下去是依"轻荡则薄，重荡则厚"的原则进行。这就是在抄薄纸或厚纸时，注意捞法：轻荡、重荡的区别。当竹帘入槽的时候，如果帘面浅捞轻摆，帘面上留下的浆料少，形成薄纸；相反，如果帘面深捞重摆，帘面上留下的浆料多，形成厚纸。由此可知，传统的手工纸跟现代机制纸不同，纸的厚薄全靠捞纸工傅的手上功夫，那可不是短时间所能掌握的，要经过长时期的实践经验积累，才能胜任这项"掌帘"工作。

使用纸帘（竹帘）抄造的纸，如果举纸迎光着去，就会发现纸上有一道一道明暗相间的条纹，这种条纹被称为"帘纹"（图8-5），它是手工纸最显著的标志。究其形成的原因是，当纸帘（竹帘）提起时水从竹丝间漏去的一刹那，有很少量的纤维被流水连带又挤到空隙处，造成竹丝间堆积的纤维要比竹丝处的纤维略微多一些（或者说厚一些），于是便产生了这种特别的纹道，这种有条纹的纸叫做帘纹纸。

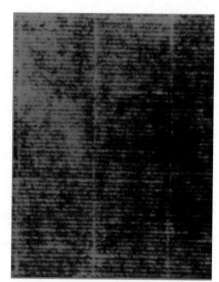

图8-5 帘纹

捞纸这一新的操作工序终于诞生了。它所具有意义：一是再也不需要一次一次地把纸浆投到纸帘（竹帘），节省大量劳动；二是扔掉了笨重的纸模，运用纸帘（竹帘）便可以反复地抄出千万张纸来。

8.2　纸帘（竹帘）

　　纸帘（竹帘）是由帘架（帘床）、帘子（纸帘）、帘尺等三部分组成（图8-6）。帘子是由苦竹丝（直径约0.4~0.5毫米）编织而成，上面涂清漆等。纸帘（竹帘）的帘长1.29m，宽0.93m。纸帘（竹帘）用后一定要清洗干净，挂在通风处晾干后，悬挂、备存。每张竹帘经捞纸20余万张后，会褪漆露（竹）白，即需立即更换。每张纸帘（竹帘）的使用寿命一般为3~6个月。

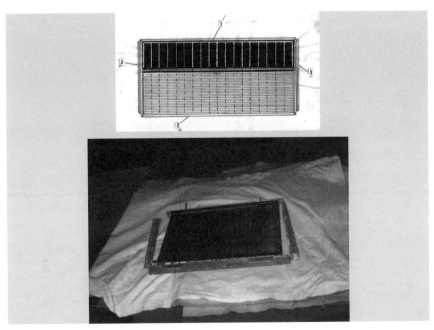

图8-6 竹帘
注：1.帘架　2.帘子　3.帘尺

纸帘（竹帘），在上篇已做过简单介绍，它也是抄造宣纸的一个重要工具。它相当于造纸机的网子（部），甚至比网子还要复杂。因为造纸网一般分为铜网和聚酯网，网目大小有别，长宽度随机型而异，变化有"规则"。可是，纸帘（竹帘）捞纸的花样却多得很。"编帘"（即制作纸帘（竹帘））虽然已经形成了一门独特的手工业加工技艺。但是，既无成文的操作规程，工艺难度又不小，全凭师徒手口相传，心领神会，的确是却非易事。

编帘所用的竹子，专挑苦竹，别的不行。苦竹的特点是：竹节较长（"长者二尺，短者尺余"），质地坚挺，纹理笔直。此外，苦竹经过长时间贮存后，放入水中浸泡数日，依然能够剖竹抽丝。将长短不同的竹丝交错相连，再用丝线穿接，并经加工后便制成了纸帘（竹帘）。前已述及，实用性的纸帘（竹帘）是由帘子（又称纸帘）、帘床（帘架）、帘尺（边柱）等三部分组成的。这种结构形式，可使纸帘（竹帘）可平（直）可卷（起）、可分（开）可合（拢），灵活自如。帘床是承受帘子的支架，帘子和帘床可以随时装好或拆开，帘尺的用处是绷紧帘子使其保持平直。

8.2.1　制帘

纸帘（竹帘）的制作工序织帘如下（图8-7）：（1）剖竹（剖篾），将整根苦竹放入山中溪水内，浸泡若干天（新伐的苦竹3~4天，陈化的7~9天）。视竹皮变色时取出，用刮刀除了青皮，截去竹节。然后，用竹刀劈去黄底，剖成薄薄竹片，再逐一分成竹条。（2）抽丝，又名拉丝。将竹条一头削尖，穿过特制的铁板上的小圆形孔，使竹条变为圆形的粗竹丝，并把竹条边缘的不规则部分括平，如此而得可用的（精）竹丝。（3）编织，编纸帘（竹帘）时需要使用"木架"（又有长木架、短木条之分），依所制纸帘（竹帘）尺寸而选用，可以独人编织或者多人操作。先将选好的竹丝用左手按在木架上，然后用右手翻动"织线"，务使织线交叉又紧

图8-7 织帘

密地缠住竹丝。这样，一根一根地排列编织而成一大块纸帘（竹帘）。因为捞纸的面积大小不同，纸帘（竹帘）所用的竹丝数量、长短也不一样。所以，要根据编织量来计算工时（劳动日）。一般而言，4尺纸帘（竹帘）需时约15天；6尺纸帘（竹帘）约25天；丈二纸帘（竹帘）约2个月。若编织罗纹、龟纹等纸帘（竹帘），所需的时日则更多一些。编纸帘（竹帘）所用的织线，过去使用马尾，后来用（蚕）丝。但丝线抵抗碱、漂粉的性能差，容易断线、散帘，1张纸帘（竹帘）的使用期大约只有6~7天。以后又改用尼龙（丝），效果不错，纸帘（竹帘）的使用期提高到150天以上。

（4）涂漆，纸帘（竹帘）编织完毕，还要在竹丝和织线上细心地涂上一层油漆。其作用有三：一是保护，阻止外来因素对纸帘（竹帘）的侵蚀；二是增强，使竹丝连接而成一体，提高强度；三是调整，竹丝之间的间隙有可能大小不一，利用漆层加以弥补。所用油漆为土漆，又称树漆，呈黑色。漆后应放置半月，使之干透，方可使用。

按编织线组成的不同，一般纸帘（竹帘）可分为5种：①单丝路，单根丝编织，各根相距20毫米，只有在竹丝接头处两根间距5毫米。用这种帘一般是捞四尺单，或二层贡等常规产品。②双丝路，每隔15毫米都用两根线编织（两线间距5毫米），这种帘专供捞夹宣。单丝路和双丝路纸帘（竹帘）一般是每10毫米宽度之内有12根竹丝。③扎花，竹丝和编织线都很细，帘纹细密，每10毫米宽度之内有14根竹丝。用这种帘抄造的纸叫扎花宣，尺寸为四尺（69cm×138cm）的，每100张重1.5kg。④龟纹，纸帘（竹帘）上的图案与龟背的外形相似，用这种帘抄的纸称为龟纹宣。尺寸为四尺（69cm×138cm）的，每100张重2.13kg。⑤罗纹，单根线编织，每根间隔3毫米，帘纹细疏，如丝质状。用这种帘捞的纸称为罗纹宣。尺寸为四尺（69cm×138cm）的，每100张重2.13kg。

8.2.2　清洗

纸帘在抄纸操作过程中，帘上不可避免的粘上一些小毛毛（细小纤维）。每到抄造任务结束时，如果不把它们除掉，仍旧残留在竹帘上，势必会防碍下一次的使用。因此，对抄完后的竹帘先要用清水进行正、反面的冲洗3~5遍。待帘子全部清洗干净以后，悬挂在阴凉通风处，使其自然风干。

有的纸工每次抄完之后，就随手将"空白"纸帘泡在浆槽内，这种做法是不可取的。竹帘长时间泡在水里，对其使用寿命或多或少有影响，有时还有"掉漆"等现象。因为在正常的情况下，纸帘的使用大约是100天。所以训练及时清洗的好习惯是必要的。

8.3 纸槽

按照抄纸工序所用的有关的器具，主要是纸槽。此外，还有竹帘、架子、挂钩、推杆、码子（计数器）、帖（tie，音铁）板、搅棒等。

纸槽为盛放浆料和进行捞纸作业的方形槽，有固定型和活动型两种：固定型的纸槽分为木质的、石质的。活动型的纸槽只有木质的。纸槽的规格依抄造纸帘的大小（纸张尺寸的大小）来决定。普通槽长2.36m，宽2.01m，深0.64m，由多块木板组合而成，木板厚度为5.5~5.8cm，容积2.65立方米。（图8-8）

图8-8 纸槽

8.3.1 结构[1]

（1）四尺纸槽：长度内口为197cm，外沿为211cm。

---

1 周乃空，《中国宣纸工艺》，香港银河出版社2009年版，P39~40。

宽度内口为176cm，外沿为190cm。

高度（槽底至沿口）为71cm。

槽托厚13cm，槽板厚7cm。

（2）六尺纸槽：长度内口为231cm，外沿为245cm；

宽度内口为176cm，外沿为190cm。

高度（槽底至沿口）为71cm。

槽托厚13cm，槽板厚7cm。

（3）八尺纸槽：长度内口为312cm，外沿为334cm；

宽度内口为236cm，外沿为250cm。

高度（槽底至沿口）为61cm~63cm。

槽托厚21cm~22cm，槽板厚8cm。

（4）丈二纸槽：长度内口为426cm，外沿为440cm；

宽度内口为236cm，外沿为250cm。

高度（槽底至沿口）为61cm~63cm。

槽托厚21cm~22cm，槽板厚8cm。

（5）丈六纸槽：长度内口为557cm，外沿为573cm；

宽度内口为277cm，外沿为293cm。

高度（槽底至沿口）为61cm~63cm。

槽托厚21cm~22cm，槽板厚8cm。

8.3.2 搅槽

在纸槽内加入清水，然后手执木棒不停地搅动，叫做搅槽。其目的是，使槽内纸浆呈均匀地分散，如加有纸药，则让纤维悬浮起来，以利于竹帘荡浪。搅槽有单人的和双人的，单人操作时，手拿搅棒的姿态应利于手臂使力，左手端棒一端的1/3处，右手距末端约三掌位置。搅动时由外向内的方向使劲，提起后再次接上次方向，沿一定的走向搅动，并且随时观察槽内纸浆翻动的状况。

双人操作比较复杂，可以沿同一方向互相交错搅动，也可以按相反方向搅动。注意决不能够使两下搅动发生冲突，彼此抵消，起不到搅槽的作用。因此，要求操作者的体力，两人不相上下，不宜悬殊过大（图8-9）。

图8-9 搅槽

8.4　操作方式

　　捞纸之前，先按品种、尺寸选用纸槽（普通为四尺槽、六尺槽，丈二为大槽，均应事先准备好）。纸槽一般是木板制成，也有水泥、石板制的。捞纸所用的工具如木耙、木杖、水勺、纸（竹）帘、纸药桶、漓水架等，应放在方便使用的位置。

　　手工捞纸最为困难的是抄薄纸和抄大幅纸，稍有不慎就不能成形，故成纸率较低，一般是10%，有甚者少得仅有2~3%。捞纸有多种方法，有单人的、双人的和多人的。单人操作又分为两种：一种是端帘，就是一人双手端住纸帘（竹帘）的两边。另一种是挂帘（又称吊帘）。现在分别地把它们捞纸的过程予以说明。

8.4.1　单人操作

　　先说端帘，对于抄造小幅面的纸来说，一人端帘入槽，使浆料按一定的方向从帘面流过，让纤维交织在帘上形成湿纸，多余的水由帘缝漏下。待水沥尽，把纸帘（竹帘）提起，顺势将纸帘（竹帘）反贴在槽旁的木板上。然后轻轻地揭起，湿纸便与帘面分开，这一操作叫做伏帘。再将脱去湿纸的纸帘（竹帘）重新放回纸帘（竹帘）架上。如此如前述反复进行，则湿纸层层累积而成纸帖。直到一天抄造目标完成为止。根据各个纸工的技术水平，每天的生产数量如捞四尺纸，1人一天可得800~1000张，也有600张的。

　　再说单人挂帘（吊帘）：由于纸帘（竹帘）尺寸较大，两手伸开的跨度不够，只好借助"第三只手"——就是一根悬挂纸帘（竹帘）的弹性绳索或竹片。在捞纸前，先将帘架悬挂好，帘架距纸槽水面约13~15cm。然后，操作者的双手握住帘架上的横杆把手，即可挂摇动帘架进行"摆浪"捞纸。

所谓摆浪，就是用手操纵帘架，使浆、水按一定的方向从纸帘（竹帘）面上流过，并让浆（纤维）在帘上交织成均匀的湿纸，而让水从帘缝滤出的动作。摆浪的方法和次数，依纸的品种要求而不同。一般而言，捞薄纸可摆浪2次，这种抄纸法称为"二出水法"；捞厚纸可摆浪4次，称为"四出水法"。

二出水法是，先摆动帘架，将它斜插入纸槽内的浆水中，再提出水面使浆水浪从帘的右边向左边流出。然后，再一次将帘架斜插入浆水中，使浆水从帘左方上帘。提出水面持平，用双手把帘架从后向前推，使浆水从帘的前方（俗称帘尾）流出，纤维即在帘面上纵横交织成湿纸。（图8-10）

四出水法是，先摇动帘架，斜插入浆水中，提出水面，使浆水从帘右向帘左流出。然后再斜插入浆水中，提出水面后使浆水从帘左向帘右流出。第三浪的操作与第一浪相同。第四浪是使浆水从帘左方上帘，提平后用双手把帘从后向前推，使浆水从帘的前方流出，即得一张湿纸。（图8-11）

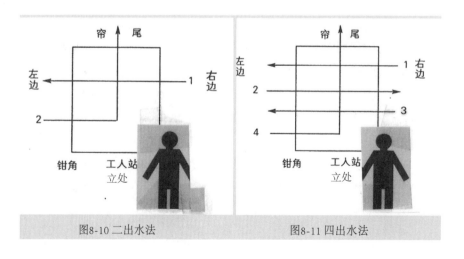

图8-10 二出水法　　　　　　图8-11 四出水法

在进行摆浪操作时，特别要留意浆水浪均匀地分布在帘面上，使所形成的湿纸页之各处厚薄一致，表面平整，匀度均一。

一张湿纸捞成后，用双手把纸帘（竹帘）从帘架上取下，并转身移复在槽旁的湿纸堆上（这叫做伏帘），再将纸帘（竹帘）提起。然后把纸帘（竹帘）放回帘架，以便重复地进行捞纸作业。复帘时应小心轻放，注意不要让空气存留在湿纸页之间，以防榨干时把纸压破。一个技艺熟练的捞纸工一天的工作量是：800~1000张左右，成品率不低于75%。至于双人、多人捞纸的定额指标，视各地情况而自定。

此外，单人操作又有不加纸药和加入纸药的。前者一般用于包装、杂用等方面的用纸；而后者是生产品质较好的文化用纸。

8.4.2 吊帘

所谓吊帘，是采用橡皮筋或竹片等具有弹性的材料把纸帘（竹帘）悬吊起来，利用其弹性伸缩和横杆作用来改良帘架结构，可以使捞纸时减少手入水的"频率"，降低劳动强度，提高工效。全国各地的造纸作坊，创造了多种吊帘形式，兹归纳如下：

（1）固定式吊帘

这种吊帘分为：悬挂部分和帘架部分（图8-12）。悬挂部分包括有弹性竹杠及其联结装置，即三角架上下两根木头或竹竿和左右

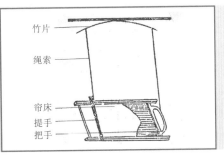

图8-12 固定式（悬挂）吊帘

两根吊架长臂。帘架部分有弓形活动手柄、活动帘尺、纸帘（竹帘）、帘床等。

因为吊帘是悬挂在弹性竹杠上，当帘架间前推移时竹杠自然把吊架提起，可是帘架是活动的，下边会自然下垂而进入纸槽。所以操作者应顺势起浪，将帘架压向浆料悬浮液中，稍待片刻，用力提起帘架，摆平，让水从帘缝流出。再将吊架升至一定高度，取其纸帘即捞纸完成。

在浙江、四川等地区多采用这种吊帘形式。它适用于单人捞制小幅面的纸页。

（2）摆动式吊帘

这种吊帘也分为：悬挂部分和帘架部分（图8-13）。不过，上端的悬挂部分是由两根竹竿分别拉起两条棕绳组合而成。在棕绳的下方连接有橡皮筋和活动铁圈，并通过压板与帘架相连接。帘架的一边装有两只木手柄，以便执帘操作。

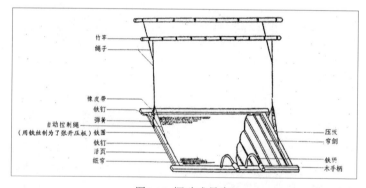

图8-13 摆动式吊帘

当提起帘架准备入槽时，橡皮筋拉紧压板使其闭合。纸帘入槽后可以前后摆动，纤维均匀布帘。再推上帘架，受张力作用压板分开，以便取出纸帘"伏案"。然后再次重新操作，如此循环不已。

这种吊帘形式多在福建等地区采用。

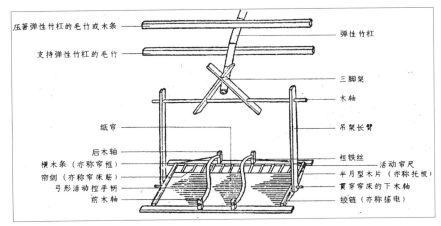

压着弹性竹杠的毛竹或木条 ——— 弹性竹杠

支持弹性竹杠的毛竹 ——— 三脚架

木轴

纸帘 ——— 吊架长臂

后木轴 ——— 粗铁丝

横木条（亦称帘框）——— 活动帘尺

帘剑（亦称帘床筋）——— 半月型木片（亦称托板）

弓形活动控手柄 ——— 贯穿帘床的下木轴

前木轴 ——— 绞链（亦称搖电）

图8-14 转动式吊帘

（3）转动式吊帘

这种吊帘分为：悬挂部分是由一个倒T字形或十字交叉形的支架组成，帘架部分与他种吊帘大同小异（图8-14）。其结构是，上端的支架比较灵活，可以随下端的纸帘而按不同方向进行转动。这种操作方式在湖南等地区多加采用。

8.4.3 双人操作

通常，捞六尺（或八尺）幅面的纸需要2人操作；双人入帘又分为两种，一种是对立抬帘，另一种是并立抬帘。对立抬帘，是两个操作者分别站在纸槽的两侧共同抬帘双人捞纸（图8-15）。其中一人为掌帘（师傅），另一人为抬帘又称"帮帘"（助手）。并立抬帘，是由两个操作者站在纸槽的同一侧，共同抬帘捞纸。这种2人操作，仅适用于纸帘宽度较小、长度较大

图8-15 双人捞纸

的，且两个操作者的技术水平不分仲伯，配合默契，才能提高捞纸的成纸率。

双人掌帘的操作：首先，向纸槽内"放水"，清水量直至规定的刻线处。再把"全料"（全部浆料）投入水中，随即倒入纸药，用木耙把浆料打散，来回反复几十次、上百次，再用木杖在槽内划搅多次，一定要使纸槽内均匀完好，浆料浮动。其次，（如以两人捞纸为例）在槽的两端位置各有1人，掌帘者为师傅；抬帘者为助手。开始捞纸时，由师傅把纸（竹帘）全投入槽内，端帘，使帘面呈水平状，再立刻抬出水面，当竹帘从槽中捞取纸浆，伴随着两人左右晃动着"一浸一抬"，让帘上多余的水由帘的缝隙中流出，于是浆料在帘上形成一张匀薄的湿纸页。这"一浸一抬"，看似简单的两个动作，可要能"捞"出一张合格的纸，最起码得学上3年。继而，掌帘者用右手提着纸帘的上端，左手拿纸帘的下端，把捞起的湿纸页平放在"纸帖板"（又称伏案或伏帖）上。助手在一旁协助放妥帘架，以及拨动槽旁的"计数珠"，捞一张纸，动一个数珠。这项操作包括"抬帘要活，掌帘要稳，放帘要简，起帘要平"，全靠两人之间心领神会、协调一致。如此反复进行，直到纸槽内浆料用完、纸帖板上堆起一叠好似"白嫩豆腐"的湿纸页为止。每种纸的厚薄、帘纹不同，分量不一，因此它们跟下浆的浆量、水的高度，都有密切的关系和严格的要求。

在捞纸操作时的注意事项是，首先向纸槽里加进的清水量应该高过放入的浆量三寸左右（约7、8cm），这样就能稳定纸槽里的纸浆浓度。换句话说，"全料"和清水的比例应该稳定在一定的范围之内，太浓、太稀都不合适。其次是在抄薄纸或厚纸时，注意捞法的区别，"轻荡则薄，重荡则厚"。当纸帘（竹帘）入槽的时候，如果帘面浅捞轻摆，帘面上留下的浆料少，形成薄纸；相反，如果帘面深捞重摆，帘面上留下的浆料多，形成厚纸。由此可知，传统的手工纸跟现代机制纸不同，纸的厚薄全靠捞纸师傅的手上功夫，那可不是短时间所能掌握的，要经过长时期的实践经验积累，才能胜任这项"掌帘"工作。

图8-16 多人捞纸

8.4.4 多人操作

据宋代苏易简（957—995）在《文房四谱》中说，抄造大幅纸，"数十夫举帘抄之"（图8-16）。多人捞纸时，丈二是6人（掌帘1人，抬帘1人，提帘、送帘各2人）；丈六是14人（掌帘2人，抬帘2人，提帘、送帘各5人）；丈八是16人（掌帘2人，抬帘2人，提帘、送帘各6人）。宋代抄大幅纸时，多人同时手抬一大张竹帘，如果各人的动作不一致，有先有后，有快有慢，抄出来的纸就不像样子。为了协调大家的动作，就有了"傍一夫击鼓而节之"。这样才能听号令，采取统一动作。

另据报道，2007年安徽泾县汪六吉宣纸有限公司抄造了一种取名"六吉超露皇"的大幅宣纸，俗称"三丈三"。它的幅面长度是10.05m，宽度为2.9m。比过去抄造的"丈八"宣纸（长度5.50m、宽度2.15m）还要约大一倍。抄造这么大幅的宣纸，共需要技艺精湛的技工20人，在同一纸槽中通力合作完成。其中掌帘4人，吊帘上浆2人，抬帘14人，出8个吊环滑轮支撑。一张"六吉超露皇"抄造时的重量有600多kg，纸槽的重量达150kg[1]，稍有疏忽，不能成纸，可知难度之高。

多人抄造大幅纸的关键是两个字：默契。抄造前人人要细心准备，抄造时听从一号掌帘者的指挥，一、二、三、四，步调一致，聚精会神，抄造完，仍要小心翼翼，否则将前功尽弃。须知抄造一张大幅纸，是大家共同劳动的成果，是集体智慧的结晶。

---

1 引自《纸和造纸》p82，2008年第1期："'六吉超露皇'巨型宣纸在泾县问世"一文。

以上这些古老的工艺，由于费工费时以及原料供应、成本过高等方面的原因，在现代高科技社会中当然是不需要、也不可能得到发展的。它随时都有可能从世上消失。这些看似落后实则相当珍贵的工艺，如果记录下来，为我国古代科技史的研究、为抢救中华民族文化遗产，做了一件很有意义的工作，具有永恒的魅力。而且时间愈久，愈能显示它的历史价值。

参考书目

[1] 北京轻工业学院编，《造纸工艺学》，中国财政经济出版社（1962）

[2] 本书编写组（林贻俊等），《造纸史话》，上海科学技术出版社（1983）

[3] 刘仁庆著，《纸的发明、发展和外传》，中国青年出版社，1986

[4] 王菊华主编，《中国古代造纸工程技术史》，山西教育出版社（2005）

[5] 殷舒飞，浙江省木本韧皮纤维造纸术史稿，《浙江造纸》增刊 总第54期（1990）

[6] 钱存训著，《李约瑟中国科学技术史·第五卷第一分册 纸和印刷》，科学出版社等（1990）

第9章
手工纸的压榨

9.1　压榨

经过从纸槽中不断地捞纸，达到1600~1800张之后，便成为一幅厚厚的"湿纸帖"。随后把湿纸帖搬到平板车上，送到木榨机上进行压榨。压榨的目的是，除去湿纸多余的水分，增加纸页的紧度，以便于分纸以及节省烘干纸张的燃料。

在手工造纸业中，常把压榨俗称为"压水"，就是挤压去湿纸帖内多余的水分。一般的标准是降低原高度的1/3，换言之即除掉30%的水分。除去水分的方法，并不复杂，大都是民间常用的如放置重物、利用杠杆原理等。

图9-1 重物压水

9.1.1　重物压水

重物压水的方式归纳起来有：（1）上压式，将纸帖的上下两端各使用一块木板，在上端先放两块大石头，让水缓慢流出，4小时后再加两块或更多的大石头，让压榨静置"过夜"（图9-1）。（2）杠压式，将每天抄好的湿纸放在压纸架上，一端顶住纸床，另一端吊住大石头，好像秤杆那样，大石头的个数，依纸帖的厚度决定。

9.1.2　机械压水

机械压水主要是利用器械来代替重物，起到压榨纸帖的作用。过去常用的有木榨机和螺旋压榨机，其结构和使用都不复杂，将在下节介绍。

9.2 压榨装置

9.2.1 木榨机

木榨机又称纸榨，是一种压杠式的木制设备。四根木柱、四条横梁、一条压梁，全由粗大的硬木加工而成。上下两大块硬木板分别是盖板和底板（称为纸帖榨床或平台），其尺寸是：长度为3.02m，宽度1.18m（视纸的品种而异）。滚筒直径40cm，滚筒与杠杆间有一粗绳索（直径5cm）连接，被称为绞绳。绞绳的使用期为2个月，防止中途断裂。利用杠杆作用除去湿纸页中多余的水分（图9-2）。

图9-2 木榨机

木榨机是利用杆杠原理，压出水分。加压时掌握压力慢慢地加大，不可过猛，否则因水流过快而会使湿纸爆破。榨水时间为1小时左右，随后停止加压，静态放置半天，使纸帖的含水量达到70%者，较为合适。

9.2.2　螺旋湿压机

螺旋湿压机（图9-3）又称湿压器，系由双层铁板所构成，中间有螺旋柄，通过摇动使套在四边的立柱向下加压，迫使下边的"纸帖"内多余的水流出。此机的优点是操作简便、省时省力，缺点是被压水纸帖的尺寸受到一定的限度，不能用于大幅面的纸。

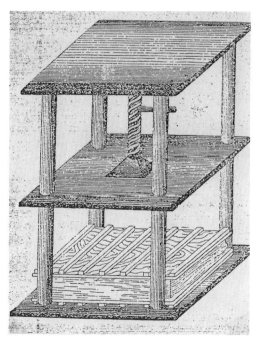

图9-3 螺旋湿压机

9.3 分纸

　　分纸，俗称"牵纸"，是把经过压榨后的湿纸帖，一张一张地分开，以便下一步烘纸。分级的方法是，把湿纸取一块放在分纸架上，用手指分松纸边。然后，用小镊子将纸的一角牵开。用手顺着湿纸方向轻轻揭起，每几张（视烘墙幅面一次可贴上纸的张数情况而定，如6张、9张等）合成一叠，供烘纸之用（图9-4）。

图9-4 分纸

9.3.1 预处理

　　纸帖经过压榨后，大约除去了30%的水分。按过去"纸农"的说法，即纸帖的高度下降了1/3。这时候，对加过纸药的纸帖，还需要进行下一步的预处理。所谓预处理，就是"热淋"——提一壶热开水从上到下、从左到右、从中央到纸边，慢慢地淋1~2遍，直到纸帖的颜色变白为止。然后，将木板上的纸帖，取出一摞（约30~50张）放在分纸台上进行分纸操作。

9.3.2　操作法

分纸看似简单，实则不然。因为厚厚的一摞"纸帖"，用手揭往往容易把纸弄破，必须用巧办法方能完成。常用的是把经过处理的纸帖取一部分，平放在纸台上，轻轻地稍弯折一下纸角，再用小镊子挑拨，使其薄纸从纸帖上分开。再小心地挂放在挂纸架（图9-5）上，准备下一步焙纸。

图9-5 纸帖

还有一种办法，就是由有经验的纸工使用特制的类似手箍的小工具，向纸帖的一侧（边角）猛击两下，一侧的纸角便会翘起，借此可把纸页逐张分开了。不过，这种操作需要长期的生产实践，反复练习，才能取得理想的效果。

参考书目

[1] 明·宋应星，《天工开物》，江苏广陵出版社（1997）

[2] 李晓岑、朱霞，云南少数民族手工造纸，云南美术出版社（1999）

[3] 杨建昆主编，《云南民族手工造纸地图》，云南美术出版社（2005）

[4] 關義城，《手漉紙史の研究》，日本木耳社刊（1976）

[5] 钱存训，《中国纸和印刷文化史》，广西师范大学出版社（2004）

[6] 刘仁庆，《中国书画纸》，中国水利水电出版社（2007）

第10章
手工纸的干燥

10.1　干燥

手工纸的干燥方法有计有三类：一是晒干，二是阴干，三是烘干。目前，边远地区因条件有限，通常采用晒干或阴干法，而生产较好纸的则多数采用的是烘干法。

10.2　晒干

在手工纸的干燥方法中，晒纸的方式各地大同小异。一种是地（上）晒。把抄好的纸（多为粗草纸）几张合在一起，平铺在地面上（图10-1）。如果天气晴朗，夏天约只需半天（3~4小时）就可晒干。冬天可能需一整天（从一早到天黑）的干燥时间，视当地条件而灵活掌握。

图10-1 地晒

图10-2 墙晒

　　另一种是墙上晒。把户外的墙壁，经过加工后使墙面平整光滑。将抄好的纸刷到墙上，露天晒太阳，不久就可干燥，然后揭纸。这也是农村纸农采用的一种简单的干纸法（图10-2）。

　　墙晒早先主要是用于一般粗纸（如草纸、冥纸等）的干燥。因为墙壁在户外，不避风雨，受到许多外界因素的影响，如夏天的小虫子，还有刮风吹来的灰尘，有可能粘附在纸面上，使其外观不洁。所以后来逐渐从室外转移到室内的墙壁。条件改善后，成纸的品质有所提高。

10.3　阴干

阴干又称晾干、晾晒，是把湿纸在屋内或有挡雨的场所悬挂起来（图10-3）。这样做的好处是可以避免下雨时停工。另外，阴干的纸其物理性能有时比晒干、烘干的纸还好一些。不过，它的缺点是要占用很大的建筑面积，干燥时间也比较长，一般是3~4天。

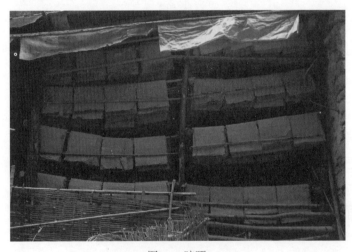

图10-3 晾晒

10.4 烘干

烘干俗称热焙，就是采取间接加热的办法把纸张中剩余的水分蒸发出去。这种办法的好处是可以加快生产，提高劳动效率；缺点是需要消耗热能。

10.4.1 纸焙

纸焙又称纸焙笼，它是用竹片为骨架篾编而成的"焙笼"，将两片焙笼搭成上窄下宽的堤型状。然后用加有墨汁的麻筋（以废纸浆与石灰膏调成）涂抹在焙笼面上，周边涂满，以利吸热。在外层糊上一层白纸，再刷上石灰浆、糊糯米浆等，务使表面平滑。焙笼的下部一端通向室外的加热灶；另一端接连排烟管道。焙笼的内侧底部用二层砖砌成防火墙。

10.4.2 烘壁

烘壁，又名火墙（图10-4）。此为两条平行的外壁，似两面背靠背的"焙墙"。从侧面看上窄下宽，构成陡峭的"人"字形。焙墙是用竹篱笆当骨架，篱笆内外糊满粘土，墙壁面上用石灰、纸筋、河沙和食盐等混合物拌匀后抹平，再加涂一层桐油和糯米浆，使整个壁面光滑如镜。

在两壁之间的地上有砖砌的长形"火道"。火道一端用煤或柴燃烧；另一端接外边烟囱。火焰和热能经由火道上的孔眼散至壁

图10-4 烘壁

内，将外壁烤热，使贴在外壁上的湿纸页烘干。烘壁面的温度控制在40~60℃之间（视烘纸的厚薄适当调节）。一般的烘壁长3m，上宽28cm，下宽86cm，高1.8m，每条烘壁有两面，每面壁的干燥面积为15.2平方米，两面合计30.4平方米。每面可贴纸9排，每排3张，共27张，每次烘纸54张。

根据抄纸的幅面大小，有时焙墙的尺寸放大，壁长10m，宽为1.6m，整个车间扩容3~4倍，相应的配套设施也要做对应的扩充，方能满足生产的要求。

10.4.3　铁板箱

利用铁板焊接而成立式固定三角型的铁板箱，大体上有三种：3m×6m型、4m×8m型、5m×10m型。可以在铁板箱的正反面烘干纸张（图10-5）。在进行烘干操作之前，先对湿纸帖浇水或浸水5~6小时。并且对铁板表面加以清洁、务必做到十分干净。然后向箱内注满清水，通入蒸汽使温度升高（使铁板表面温度达到40~60℃）。也可以向箱内送入50~65℃左右的热水（用带有温度显示的电热水器

图10-5 铁板箱

得到的热水），同时要用热水泵不间断地循环，保持温度稳定。注意，一旦箱内的热水温度过高或过低，都会对烘干纸张产生不良的影响。

当铁板表面温度达到40~60℃之际（开始可控制在45~50℃），可以按从右到左的次序将湿纸页贴附其上，经过2~4分钟（视具体情况而定）烘干后，就可把已干燥的纸从铁板上剥取下来。一张张地摆放整齐，清点纸的数量。再送去检纸室，如有残破者要剔除，最后切边、包装。

10.4.4 湿帖干燥机

我国自主创新开发的湿帖干燥机，改变了过去利用"土法"的干燥模式。采用了电脑技术与数字管理，对宣纸湿帖干燥机温度、湿度、水分、干燥时间进行一体化的自动控制，完全实现了使纸页受热均匀、确保成纸的质量稳定，大大地改善了昔日的生产环境。

其干燥曲线的工艺是：湿帖升温干燥1小时，蒸汽压力0.3Mpa，温度80~70℃；恒速干燥1~9小时，蒸汽压力0.25Mpa，

图10-6 湿帖干燥机
(参考《纸和造纸》2009年 第11期"宣纸湿帖干燥机之研制"一文)

温度70℃±5℃；降速干燥10~13小时，蒸汽压力0.1Mpa，温度50~40℃。

通过上述三个干燥阶段之后，湿纸水分由原来的60%，下降到了合乎揭纸的要求。由此而减轻了劳动强度，保证了成纸质量，节约了能源12%，提高了生产效率50%。这样一来，既忠实地继承了传统技艺，又创造性地利用现代科技手段，使生产的面貌改观。

10.4.5　焙纸

焙纸，这也是手工纸制作长期形成的一种"特技"。因为湿纸又薄又轻，好像一块嫩豆腐，把"纸帖"分开来刷在火墙上烘干，要求一点不破损，确实是很难做好的技术活。要用小巧的镊子轻轻地把纸由纸帖逐张揭开，再刷贴到火墙上（火墙的长度按生产能力和纸张尺寸而定）。焙墙俗称火墙，它的结构是这样的：先用土和砖砌成一个夹墙，下边用砖砌成烟道，每砌几块砖空出一块，柴薪（现在多用煤炭）从墙的头灶眼烧起，热气从砖空隙中透出，直至砖墙被火烧得有点烫手（墙面温度为40~60℃左

额枪

掸把

棕毛刷

图10-7 干燥用器具

右）。用"稠米汤"刷满墙面，待稍干火柴燥后，再把湿纸完整地贴上墙去，这叫做焙纸。这样一来，跟火墙接触的纸面比较平滑，称为正面；有毛刷刷过的轻微痕迹的，叫做反面。

刷在火墙上的湿纸页，大约经过几分钟后水分蒸完，便从左到右、先后依次地一张一张地揭离下来，又一张一张地刷贴上去。如此不停顿地进行，则一张一张的原宣纸便生产出来了。

烘纸，烘墙壁内烧火（劈柴，每吨纸耗4~5吨；煤，则耗2~3吨），外壁用白灰等材料修刷平整，刷纸前利用糯米浆涂上一层。湿纸自烘墙一端用毛刷贴刷至壁上，用力要轻要匀，按一定的刷路从上起以人字形顺面刷下，最后用毛刷把纸左边刷平。刷完1张后，再按同样操作向下顺序刷第2张，依次向另一方向移动。再刷，直排3张，每壁面可刷直向9排，每直排可刷3张，共刷27张。纸的干燥时间约为10~20分钟，纸干后揭起一角，按次序由壁上取下，理齐成堆。再做第2次，如此循环下去。

晒纸工序用的有：（图10-7）①额枪：是疏松纸帖时额边所用的工具；②掸把：又称扫刷，是清除焙墙壁面上碎纸屑的工具；③棕毛刷：是向焙墙刷上湿纸页的工具等。

10.5　冷焙

　　还有一种干燥纸张的冷焙法。所谓冷焙，即不采用火墙，而是在通风道内让"穿堂风"吹过带走纸内的水分，这样一来可节省相当多的能源。其操作与热焙基本一样，只不过是分级以后，湿纸页不刷上烘壁，而是刷上冷墙，通过自然风干而达到除去纸张中多余水分的目的。冷墙即一般的砖墙，先抹上一层由石灰、河沙和麻絮组合而成粉浆，再刷上一层石灰、桐油和糯米浆的混合液，务使墙面平滑有光泽。

　　冷焙法的缺点是受外界气候条件的影响，如遇阴雨、无风的天气，有时干燥的时间比较长。同时，纸面不够平整。故这种干燥法一般不在高级纸（如宣纸）的生产中使用。

10.5.1　通风室

　　为了确保在自然风的吹拂下干燥纸张，需要修建一条长形的专用通风室（屋）。该房屋的建筑形式：呈长廊式，高约2.8~3.2m，宽约2.4m，两边是冷墙，中间是走道。由操作者将湿纸页刷到墙上。在建筑的首尾两

图10-8　通风室

个末端也分别各自砌有一面墙，从上到下，有多个方形的"通风格"，按品字形排列，以利空气迅速流通。在长廊的首中尾部，装有几扇门，作为运纸和取纸的出入口（图10-8）。

10.5.2　通风格设计

所谓通风格，是通风室内一面墙壁上开凿的方形窗孔。其尺寸约为六寸至一尺左右，窗孔的厚度为两砖宽。以水泥抹平，通风畅快。注意建筑物的风向，最好采取正对通风口的地势，以利空气对流。南方地区选择处于两山之间的地势，一年四季中以刮东南风的天数较多为佳。

10.5.3　操作程序

冷焙的操作程序是这样的：当分开后的湿纸，用纸架背到通风室。再以毛刷刷到墙壁上，从上自下，从前到尾，分别刷完。然后，等纸干燥，便可揭下。整理工序用的有：①背架、②剪刀，也叫弯刀、③长凳、④木印、⑤印泥、⑥捆绳等。

通风干燥。夏天4~5天，冬季2~3天，视纸页干透情况，或延长或提前揭纸（图10-9）。

图10-9 冷焙刷纸

参考书目

[1] 曹元宇，《中国化学史话》，江苏科学技术出版社（1979）

[2] 刘仁庆主编，《宣纸与书画》，中国轻工业出版社（1989）

[3] 孙敦秀，《文房四宝手册》，北京燕山出版社（1991）

[4] 戴家璋，《中国造纸技术简史》，中国轻工业出版社（1994）

[5] 刘劲等，《纸的世界》，福建科学技术出版社（1994）

[6] 胡维佳主编，《中国古代科学技术史纲·技术卷》，辽宁教育出版社
（1996）

第11章
手工纸的整理

11.1　质量

　　我国的手工纸由于各地条件各不相同，因此在成纸的质量上也差别甚大。没有统一的质量规定，而是按"三自一定"的习惯办事。"三自"指的是、自立门户、自立家规和自立标准，而"一定"指的是肯定客户要求。长期以来，手工纸（土纸）一直没有定量化的质量标准出台。最多也只是定性化的说明。例如，要求手工纸具有匀薄、细腻、柔软、强韧等特性，有的纸还要求色白。到底白度是多少？并无明确的数字。

　　但是，手工纸还是保留有一些基本质量，它包括：纸的重量、刀数和张数一定要明确、"做足"。纸的长、宽尺寸要够，不能短少。每包纸内不能夹有破烂张。否则，既影响客户的利益，也损坏纸坊和产品的信誉。

11.1.1　民间说法

　　现将有关手工纸质量的民间"说法"（名词）并解释如下：

　　（1）纸质幼嫩：指构成纸的纤维（竹麻）应交织合适，纸面显得平滑、光润（即幼嫩也）。这就要求必须适时砍青、腌料。砍青要分批砍，不能老嫩一起砍，更不能混合"落湖"。同时，还要讲究剥、腌、踏竹麻的工序。

　　（2）结实响张：提起纸张一角，用手指轻轻一弹，会发出沙沙响声，表明其拉力强。反之，软软的、响声甚微，表明不结实，强度差。以此来判断纸的强度。

（3）厚薄均匀：纸的平面或纸的四角均应厚薄一致，用手撩抚无凸凹感。不然的话，追其原因，有可能在捞纸时插水、摇浪、出水等动作未配合好，轻、重、拉、提用力不一。

（4）滑泽有光：纸的正、反面都光润无暇，没有绒状的纤维起毛现象。如能做到这些，踏竹麻（碓料）要认真，剥竹麻要配合。焙面（火墙）要及时检查清理，使它保持油面光滑。

（5）平整无皱：全纸面应没有皱折。这与刷纸、焙干关系甚大，毛刷要随时修剪、清洁；焙面如有裂缝应及时平整。

（6）帘线露嫩：纸面帘纹不露，牵起来看，帘路也不明显。反之，便叫做露帘或烂帘。这与纸帘（竹帘）的编织、使用有关。纸帘（竹帘）的选材要合适，丝线要细，上漆量要足。纸帘（竹帘）用完要洗净、晾干，纸帘（竹帘）损坏了要修理或换新的。

（7）洁白平滑：纸的颜色比较白，略带白玉色。纸面也比较平整、滑润，如用毛笔书写时不拖笔、吸墨效果较好。这些都要与纸浆处理、捞纸焙纸等加工过程以及操作情况的好坏有密切的关系。

11.1.2　宣纸的国家标准

根据国家标准GB/T18739—2008之规定，宣纸的定义是：采用产自安徽省泾县境内及周边地区的青檀皮和沙田稻草，不掺杂其他原材料，并利用泾县独有的山泉水，按照传统工艺经过特殊的传统工艺配方，在严密的技术监控下，在安徽省泾县内以传统工艺生产的、具有润墨和耐久等独特性能，供书画、裱拓、水印等用途的高级艺术用纸。

宣纸的质量指标如下表：

指标名称		指标		
		特种净皮类	净皮类	棉料类
1.紧度/（g/cm³）		0.35±0.04		
2.亮度（白度）/% ≥		70.0		
3.裂断长（纵横平均）/km ≥		2.50	2.20	1.70
4.撕裂指数（纵横平均）/（mN·m²/g） ≥		9.2	8.2	8.0
5.湿强度（纵横平均）/mN ≥		440	390	320
6.润墨性	方法一	应符合标准样要求		
	方法二 A	2.3~3.5		
	方法二 D	27.0%~33.0%	25.0%~35.0%	22.0%~38.0%
	方法二 S	0~5%	0~6%	0~7%
7.耐老化白度（绝对值）下降 ≤		5.0%		
8.吸水性	纵横平均/mm	12~20		
	纵横差/mm ≤	3.0		
9.伸缩性	受湿后平均伸长 ≤	0.75%		
	干燥后平均收缩 ≤	1.00%		
10.尘埃度	（0.5~2.0）mm²/（个/m²） ≤	68	88	100
	（0.3~1.5）mm²（黑）/（个/m²）	24	28	32
	大于1.5mm²（黑）	不许有		
11.双浆团/（个/m²）		不许有		
12.水分		10.0%		

11.1.3　书画纸的国家标准

书画纸一般为平板纸，也可以生产卷筒书画纸。它所使用的原料较多，如桑皮、构皮、竹子、龙须草等。目前，书画纸的国家标准是GB/T22828—2008，抄录如下：

指标名称	单位	规定			
		皮料类		棉料类	
		优等品	合格品	优等品	合格品
定量	g/m²	26.0±2.0，30.0±2.0			
紧度	g/m³	0.35±0.05			
亮度（白度） ≥	%	70.0			
抗张指数 纵横平均 ≥	N·m/g	21.5	19.6	16.6	14.7
撕裂度 纵横平均 ≥	mN	170	160	140	130
湿抗张强度 纵横平均 ≥	N/m	29.3		26.6	
耐老化亮度（绝对值）下降 ≤	%	6.5			
吸液高度 纵横平均	mm/60s	18~35			
吸液高度 纵横差 ≤		4.0			
伸缩性 受湿后纵横平均伸长 ≤	%	0.75			
伸缩性 干燥后纵横平均收缩 ≤		1.00			
尘埃度 0.5mm²~2.0mm²（非黑） ≤	个/m²	88	106	100	120
尘埃度 0.3mm²~1.5mm²（黑） ≤		28	34	32	38
尘埃度 >1.5mm²（黑）		不应有			
尘埃度 >2.0mm²（非黑）		不应有			
交货水分 ≤	%	10.0			

注：1. 平板书画纸规格

以四尺为前冠的书画纸690mm×1380mm，700mm×1380mm；

以五尺为前冠的书画纸840mm×1530mm；

以六尺为前冠的书画纸970mm×1800mm；

以八尺为前冠的书画纸1242mm×2484mm；

以丈二为前冠的书画纸1449mm×3675mm；

以丈六为前冠的书画纸1932mm×5037mm；

以二丈为前冠的书画纸2460mm×6530mm；

也可按合同生产其他规格的书画纸。

2. 各种规格平板书画纸的尺寸允许偏差为±3mm，偏斜度不应超过5mm。

11.2 选纸

11.2.1 眼检

将干燥后的手工纸，用小车送到整纸车间。经过秤量和记数，把纸平放在选纸台上。由有经验的女工在灯光的照射下，一张张审视纸页（图11-1）。如见到不合格或有纸病的纸页，立即挑剔出来，可当作废纸准备回收再用做纸浆。只有合格的纸才允许通过。

图11-1 眼检

凡属在纸上看到有下列缺点之一者，该纸即降为次品，或者剔除。

对手工纸的一般纸病的说法有：

（1）槽只、边只：举纸迎光一看，发现多处有米粒般的小点（大小不一），叫做槽只。这是踏料或碓料不仔细、翻料不均匀引出的结果。如果多处有黄豆般的小点，则叫做边只。这是湿纸边回槽时纤维未完全分开所带来的结果。

（2）蓝尘：系指纸面上偶见青色的叶丝，这是过滤"滑水"时漏下的不洁之物。

（3）焙泥：系指纸面土存留的豆黄色土粒。这是由于新做的焙面尚未结实，在焙纸时被黏下来的。

（4）焙仁：纸面上有深黄色的块形或条形状处，叫做焙仁。这是焙笼的回潮吐水，故焙纸前要做好清洁工作。

（5）焙油：纸面上有淡黄色油迹斑点，叫做烙油。这是焙面上的桐油未被全部吸尽而留下的负面作用。

（6）乌根：纸面上有黄色的、约有0.5~1.0cm的"长条"，叫做乌根。这是竹麻处理不当、挑选不好造成的。

（7）赤根：纸面上有赤色的、约有1.1~2.0cm的"长条"，叫做赤根。这是剥竹麻不干净、踏竹麻偷工减料造成的。

（8）沙丁：系指纸面上偶见的白色沙点或灰点，摸上去刺手。这主要是洗料时石灰粒未除尽。

（9）黄节：系指纸面上偶见的多角形黄色沙点，用指甲可将它剃脱掉。这是剥竹麻时没有剥干净的竹节残渣。

（10）灰尘：纸面上布满的细小尘土，用手一摸可刮去。这是刮风或其他原因落下的沙土，可抖落或抹去。

（11）黄鳝路：提起纸面一看，有若干半透明状的横条，犹如蚯蚓爬过的痕迹，叫做黄鳝路。这是由于纸帘（竹帘）有部分未压平造成的。

（12）水泡点：又名水点，系指纸面上呈现圆形的、半透明状的小孔或小洞，叫做水泡点。有的是捞纸时，未起帘前帘子上的水或手上的水滴下来，落在纸的正面叫阳点；如果湿纸放在木板上，水滴落在纸的背面叫阴点。

（13）虫壳：有时纸面上偶见小虫子，用指甲可脱去。这是周围的小虫或竹麻加工混进来的。在夏天傍晚捞纸时要加倍留心。

（14）半接张：两个半张纸或几张小纸拚接起来，叫做接张；如两边有纸，中间没纸，叫做断桥。这是一种"做假"行为，应处罚、赔偿。

（15）无次货夹心：在整刀、包、捆、担（石）的纸张中，要求规格、质量全额相同，不允许有以次充好、表里不一的情况，如查出，应处罚、赔偿。

（16）螃蟹脚：焙纸时由于刷纸不当、或毛刷残损在纸面上划出大小横道，好像螃蟹走过的痕迹。这种纸病要极力避免。

（17）鼠迹：系指纸面上好似有老鼠爬过的行迹，叫做鼠迹。这是焙纸时用力过大或毛刷过硬引起的。

（18）洋河：系指水滴掉在纸面上留下的大小痕迹。

（19）刷把扬尘：焙纸前，毛刷上沾了灰尘，直接用来刷纸所留下的印记。

（20）层焙纸：几张湿纸未分开，叠合一起焙干，结果是纸面不平整、不光润。不能保证每张纸应有的质量。

（21）湿角纸：焙纸还未完全干透，就揭下来，纸角出现皱折，叫做湿角纸。选纸、打包前应剔出去。

（22）四向刀口磨齐：系指每刀、包、捆、担中四向（前后左右）裁切整齐、不许歪斜。

（23）捆扎结实：系指纸的包装必须整齐、牢固，不许有乱捆、散捆等情况发生。

11.2.2　纸病

如果是皮纸（如雁皮纸），成纸后则有另外一套的选纸办法。通常以有以下"纸病"者作为不合格的标准，选纸时应把其挑剔出去。现分述如次。

（1）太厚或太薄：纸页的厚度超过或者达不到规定的质量（克重）。其原因有可能是捞纸槽内浆料浓度过高或太低；也有可能是

"纸药"加入量过多或太少。

（2）出花：纸面组织不均匀，出现云团状或鱼鳞状。产生的原因是捞纸槽内的浆料浓度太高，或者纸药加入量过多。

（3）出泡：纸面有各种大小不一的泡状体。其原因有可能是提帘后的下一步操作覆帘过快，有空气夹在两层湿纸页之间。

（4）疏松：纸面疏松、不匀，强度差。产生的原因是捞纸的"浪数"掌握不好。

（5）收缩：纸面的不同部位呈现皱折。其原因有可能是滤水时间太快，覆帘过急，用力不当造成的。

（6）浓缩：将纸页迎光而视，呈现多处纤维团，纸面欠平整。产生的原因是浆料浓度过高而纸药的加入量太少。

（7）粗筋：纸面散布大小不一的纤维束。其原因有可能是蒸煮状况不佳或者打浆操作不良引起的。此时应具体、仔细地进行分析，寻找主因。

（8）料粗：纸面交织的纤维分散度不好，强度欠佳。产生的原因是打浆度不够，加强或加大打浆方式和次数。

（9）肮脏：纸面呈现非纤维质的污物。其原因有可能是浆料洗涤不良，或者是用水不洁引起的。有针对性的加以解决。

（10）额破：纸边出现拉口式的裂痕。产生的原因是覆纸时操作不良引起的。

（11）尾破：拉破纸边，或纸边出现裂口。其原因有可能是覆纸或分纸时不小心造成的。

（12）榨破：纸面中心部位出现裂口或裂痕，产生的原因是压水时压榨力过大或过猛。

（13）钳破：纸面上有硬伤，其原因有可能是挑出粗筋时粗心大意留下的。

（14）滴水洞：纸面上有圆形的小洞孔。产生的原因是提帘时帘边的水落至纸上。

（15）油水洞：纸面留有明显的黏液孔，其原因有可能是油水中的纸药疙瘩未漏清，掺入浆中引起的。

（16）收破：从烘壁上揭下干纸时留下的破裂。产生的原因是揭纸的手法有误或者用力过猛，拉破了纸。

（17）刷毛：纸面上带有的毛刷印痕或"起毛"。其原因有可能是烘纸时执刷用力太大或者毛刷使用过久（更换新毛刷）。

（18）晒皱：纸面出现长短不一的皱折。产生的原因是烘纸时，毛刷使用不当或者是湿纸贴壁不平引起的。

（19）晒潮：纸页干度不够，手感潮湿。其原因有可能是烘纸的时间不够或烘壁的温度过低。

（20）晒壳：纸页有的部位过干、有的部位不干，干湿不匀。产生的原因是烘壁的温度未调节控制好，或者烘纸的温度太高。

（21）窗筋：浆料中的粗纤维束交叉后残留在纸上形成的。其原因有可能是洗浆不良引起的。

（22）帘洞：纸页呈现部分的漏洞。产生的原因是竹帘未清洗干净，或者竹帘破损不宜再使用。

11.3　裁切

　　将选好、合格的宣纸成品按一定的张数码齐，压紧。再利用送入下一道工序：剪纸（又称裁切或裁剪）。本来抄出的手工纸都带有毛边，需要利用特制的剪纸刀以手工推拉法进行裁切（图11-2），从而使纸边形成波纹状、整齐划一。

图11-2　裁切

　　手工纸是不采用切纸机来直接平切的。剪（纸）刀的形状花样有两种：一种是弯曲式的；另一种是直板式的（图11-3）。它的与普通的剪刀（斜切式的）有点不同。剪纸刀是采用优质扁铁、工具钢等来加工，质地坚硬、刀刃锋利、耐

图11-3 剪刀

磨勿卷。其外观尺寸是长36cm、其中刀身长26cm、刀身宽9 cm、手柄长10 cm，每把剪纸刀的重量为1.6~1.7市斤。制造这种专业剪纸刀需要传统方法来加工，普通剪刀是不能代替的。

　　切完的手工纸平放在纸台上，由数纸工计数，每刀100张（允许误差为正负1张，特殊规格的为0张）。再沿纸边盖印（工厂标识）。然后进入下一道工序。

11.4 称重和包装

现在称量纸包的质量，原来是使用市制：1担（石）为100（市）斤，每斤按16两，1两为10钱。后来统一采用公制，1kg（公斤）等于2市斤，或者1市斤等于0.5kg（kg）。过去对纸的每刀张数是不固定的（有50、98、100、200、260、300张的不等），后来统一为每刀100张。但是重量却有许多差别，因为其克重不一样。

纸的包装分为简装和精装，前者用牛皮纸包扎，用胶条包封、盖印、贴签。后者先用塑两料包封，两端扎紧，再装入纸盒内，即告完成（图11-4）。

图11-4 包装形式

11.5　保存和管理

11.5.1　库房

手工纸和其他机制纸一样，都是怕水、怕火、怕虫、怕鼠，而且容易生霉的产品。因此，经过几个月的时间和多项工序制成后，一般要放在纸库或库房内。手工纸的码放方法大多以横码堆放，要注意放得整齐稳妥，防止歪邪倾倒。

纸张具有较强的吸湿性，故堆放它的纸库环境必须是干净、干燥、防雨、防晒。而且还要远离制浆和捞纸车间。纸库的温度以18~25℃、相对湿度以60%~70%为宜。纸库内不应有明线及明火装置，不许存放非纸类的杂品，严禁在纸库和周边吸烟！

每逢遇到一年的冬季干燥、夏季潮湿和通风不良，以及高温光照、沙尘飞扬、梅雨时节等不好外界条件时，要特别注意纸边有可能发生霉变、曲边等等危害。如果一旦产生，局部霉斑可以采取化学药物（如福尔马林）轻轻抹擦消除。大面积霉点则用硫酸氟进行熏蒸。

11.5.2　措施

由于手工作坊的规模很小，在农村更不关注纸的储存，随做随卖。因此，通常没有任何要做的事情。更谈不上有管理人员，几个人一包到底。不过，如果生产形势有所改变，生产建设有所扩大。有了储纸的库房（至少要干净、整齐、通风、避雨）之后，应该逐步走入正轨。除了注重防火、防鼠、防虫、防水、防尘等工作外，纸张入库、出库、数量、质量、时间、经手人，都要认真地进行登记，防止出现意外，把纸张在保存时的损失，减少到最小限度。这是另外一个话题了。

参考书目

[1] 刘仁庆，有趣的手工纸的质量标准，《天津造纸》2006年1期

[2] 王诗文，《中国传统手工纸事典》，树火纪念纸文化基金会印行
　　（2001）

[3] 刘景峰主编，《中国文房用具收藏与投资全书·中卷》，天津古籍出版社（2006）

[4] 姚明德，《实验日本造纸新法》，中国图书公司（1911）

[5] 上海文化用品采购供应站编，《纸张》，轻工业出版社（1960）

[6] 王能友，造纸企业纸张的保存与管理措施，《纸和造纸》2008年增刊

第12章
手抄加工纸

12.1 概述

把手工纸经过加工便得到了所谓"手抄加工纸"，它是相对于机制加工纸而言的。这是一种对手工纸进行别样再加工的纸种。经过再加工而使手工纸的纸面具有更好的平滑和受墨性能以及其他艺术装饰效果。由于这种手抄加工纸是通过我国历代造纸工匠和其他工种的横向联合创造出来的高技艺的产品，因此带有鲜明的传统性、艺术性、文化意义和商业价值。

在我国丰富多采的民族文化遗产中，手抄加工纸以其千姿百态、古雅别致而引人注目。它是集工艺与美术为一体，变平凡为新奇，满足了社会上各种人士的不同需要。只是在过去一段时间里，我们对这方面的认识不足，关注不够，应引起足够的重视。希望在继承传统的基础上，采用现代的科技手段，以新的思路和工艺生产传统手抄加工纸，使之更加发扬光大。

手抄纸加工的技艺，计有（1）刷涂法；（2）浸染法；（3）砑花法；（4）洒溅法；（5）描金（银）法；（6）嵌入法；（7）粘连法等。这些加工纸一般是由书画铺（社）、装裱店制作或代客订做。因加工所需原材料较多、技术操作要求高、耗费的时间长，故自制"手抄加工纸"者寡。现分别介绍如下。

12.2　刷涂法

　　刷涂法制作的手抄加工纸的基本操作之一，一般制作的有粉笺、蜡笺、色笺等。对技师的要求高，没有3~5年的训练，就不能独立掌握技法。

　　刷涂法所用的工具、用料都比较简单，只要有：一张案桌、一把刷子（或排笔），再加上一块鹅卵石（大螺壳、玛瑙石、小瓷碗）等就可以进行加工作业了（图12-1）。注意，刷涂法加工时，除了涂料层、染色层必须均匀外，后续的加工即砑光，十分重要，稍有粗心，即不能够获得优质的手抄加工纸。

图12-1 刷涂法

12.2.1 粉笺

刷涂法制粉笺，所需要的材料有胶料（如淀粉、树胶、虫胶，任选其一种）和"白石粉"（贝壳粉、滑石粉等，任选其一种）。即先把白石粉研磨，经过细罗筛过滤，除去较大颗粒。再将细粉与胶料调和成混合剂，制好后备用。

操作工序是，先将原纸平铺在案桌上，案桌要求平稳，台面干净。再用刷子沾满混合剂，然后刷到纸上，使其涂层厚薄一致，待半干状态时，用鹅卵石依次把纸面磨平（图12-2），最后把纸挂起，在通风处榜晾干，使之焕然一新。

上述用鹅卵石把纸面磨平，这种工艺操作叫做研光，是一种辅助加工手段。有的地方因陋就简，用小瓷碗来代替鹅卵石，对半湿的纸面进行磨平，也有一定的效果。

图12-2 磨平法

12.2.2 蜡笺

刷涂法加工的另一个产品是蜡笺，它可使加工纸的表面"光滑如镜"。蜡笺（wax paper），又称涂蜡纸、粉蜡纸。古代的蜡笺分为两种：一种是薄纸，用蜡涂之，增加纸的透明度，以备摹写。不过，纸面的涂蜡量不宜多，蜡层宜薄，否则会影响书写的效果。另一种是厚纸，涂蜡之前在纸面先刷上一层白粉，以提高纸的不透明性，涂蜡之后还具有防水性。

蜡主要由高级脂肪酸和高级一元醇的酯所组成的化合物，按原料来源划分，它有三种：（1）植物蜡，如糠蜡、棕榈蜡；（2）动物蜡，如蜂蜡、虫蜡；（3）矿物蜡，如石蜡、地蜡，等等。古时常用前两种蜡，以为后一种蜡不好用。其实，植物蜡和动物蜡的主要成分是高级脂肪酸等；而矿物蜡的成分是高级烃化合物。不过，经过处理后矿物蜡照样可以加工蜡笺。制作时，先把蜡轻轻地涂一层在纸上，注意涂蜡要掌握薄、匀、轻的手法，否则会影响加工纸的质量。再把磨石蘸少许的蜡，双手握石，按顺序来回滑动（即进行"研光"），不久便可制得一张清亮的蜡笺了。生纸不宜太薄，弄不好易损破；也不宜太厚，使涂蜡加工不便，成纸品质也不理想。

12.2.3　色笺

刷涂法也可用于制作"色笺"，从原理方面说，是将上色的颜料用水化开，并根据对画纸的要求而决定其浓度大小：色深则大；色浅则小。同时，加入配用少量明胶的胶水，混合均匀，备用。

手抄加工纸所用的色料，主要是一些天然植物色素，多从树皮、花蕊、果实等中提取而得。比如红色植物色素有：（1）红花，学名*Carthamus tinctorius*，是一种菊科植物（图12-3），其花可作红色染

图12-3 红花

料。（2）茜（qian，音欠）草，学名*Rubia cordifolia*，又称"血见愁"，多年生攀援草本植物，秋季开小黄花，生于山野草丛中。其根含茜素等，可作红色染料。（3）苏木，学名*Caesalpinia sappan*，心材坚实，取其用水浸泡可得红色染料。

黄色植物色素有：（1）黄檗，学名*Phellodendron amurense*（又叫黄柏），一种芸香科落叶乔木，取其树皮提取黄色染料（图12-4）。（2）槐花，学名*Sophora japonica*，落叶乔木，枝绿色。夏季开花，蝶形花冠，黄白色。花可作黄色染料。（3）姜黄，学名*Curcuma longa*，多年生草本植物，取根茎切碎后，用水煮之可得黄色染料。（4）栀（zhi，音枝）子，学名*Gardenia Jasminoides*（又称黄栀子、橡斗子）。（5）藤黄，学名*Garcinia morella*，常绿小乔木，割破树皮渗漏出黄色黏液，收入竹管内，干后剖开，形似笔管，故又称笔管藤黄。此物有微毒，用冷水浸泡后出色，即为黄色

图12-4　黄柏

染料。但它的性能不稳定，遇酸碱易变色，日久晒则褪色，有时还会变为黑色。

蓝色植物色素有：（1）蓼蓝，学名*Polygonum tinctorium*，一年生草本植物，秋季开花，花呈红色。叶长椭圆形，叶干后变蓝，可制蓝靛（靛青），作蓝色染料。（2）马蓝，学名*Kalimeris indica*，俗称"马菜"、鸡儿肠。多年生菊科植物。取其叶可制蓝靛。（3）木蓝，学名*Indigofera tinctoria*，又称槐蓝，为豆科植物。有羽状复叶，其叶可提取蓝色染料。（4）菘蓝，学名*Isatis tinctoria*，为十字花科二年生草本植物。其叶呈椭圆形，可提取蓝靛

染料。蓝靛又名青黛，它是由多种植物的叶部等提取后组成的蓝色染料。

此外，还有天然的矿物色素，主要的红色矿物色素有：（1）朱砂，又名辰砂，化学成分为HgS（硫化汞），研成细末，即成红色染料。（2）土红，又称西红，化学成分为Fe_2O_3（三氧化二铁），是天然后氧化铁红颜料。（3）雄黄，俗名鸡冠石，化学成分为AsS（硫化砷），通常呈致密的土块状，橘红色。硬度低，性脆味苦，略有金属光泽。有毒！（4）铅丹（四氧化三铅，Pb_3O_4），为鲜橘红色粉末，有剧毒！可作为红色染料。

主要的黄色矿物色素：（1）赭（zhe，音者）石，又名赤铁矿粉，化学成分为Fe_2O_3（三氧化二铁），研磨后即成黄色染料。（2）雌黄，一种有柠檬黄色的矿物。化学成分为As_2S_3（三硫化二砷），常以叶片状或颗粒状。硬度小，容易击碎。

另有三种特殊的"色料"❶是：（1）泥金，因为金（Au）是一种金黄色的金属，原子量为196.967，具有光泽而展延性大，可拉成极细的丝（金丝），锤成极薄的片（金箔）。熔点1063℃，沸点2600℃。在空气中极度稳定、不被氧化也不会变色。它不溶于酸（只溶于"王水"），是热和电的良导体。所以画家初用薄如纸的金箔（俗称飞金）揉碎与胶磨细后使用，命名泥金。其制作之法：金有青、赤二种，将飞金抖入碟内，以两指蘸浓胶磨之，干则济以热水。俟极细后，以滚水淘洗，提出胶而锈未去，则不能发亮。洗锈之法，以猪牙皂荚子泡水冲入，置入深杯内，文火烘之。翻滚半刻后，置杯于地，而纸封其面，少顷揭开，则金定而去其黑水。如此洗烘三四次，则水白金亮矣。

（2）乳金，先以素盏稍抹胶水，将枯彻金箔与，以手指（剪去指甲）蘸胶，粘入，用第二指团团摩拓。待干，粘碟上，再将清水滴许，拓开屡干屡解，以极细为度。再用清水将指上及碟上一一洗

---

❶ 蒋玄怡，《中国绘画材料史》，上海书画出版社1986年版，p121~122。

净，俱置一碟中，以微火温之。少顷金沉，将上黑水尽行倾去出，晒干。碟内好金，临用时稍加极清薄胶水调之，不可多，多则金黑无光。又法，将肥皂核内剥出白肉，熔化作胶，似更轻清。泥金、乳金既可用来绘画，也能用于手抄加工纸。

（3）"金粉"，应读作"所谓的金粉"，它其实是铜粉。其主要成分是铜（Cu）和少量的锌、铝、锡等金属的合金。将此合金薄片与少许润滑剂经捣碎、抛光后而成。常用来加工洒金笺。外表面上初看具有似金的黄色和光泽，但不能耐久，日久遂趋暗，终过则黑。故加工时需小心，不可误用。

色笺的加工方法，具体地说是这样：（1）蒸纸，将需要加工的原纸（竹纸）卷成筒状，一层叠一层，放在蒸桶内进行汽蒸，大约汽蒸2~3小时。目的是驱除原纸中含有的水分，以利于吸收胶水。（2）穿纸，把蒸透后的原纸展开，用竹签一张一张地穿起来。（3）上胶，把原纸浸入胶水盆内，一张张拖过，使其饱吸胶水。胶水由牛胶/明矾/清水=0.5/0.75/135调配制成。（4）挂纸，上胶后的原纸被悬挂高处，直至晾干。（5）裁纸，晾干后的原纸叫生纸，如不够整齐，还要用切纸刀裁切。（6）染色，先把生纸平放在案桌上，用排笔沾满色料，轻轻地往纸面上刷涂。握笔用力不可忽大忽小，务使均匀一致。（7）干燥，刷好后等纸半干，或者放到烘炉上进行烤干，或者挂到木格架上进行阴干，直到色笺完全干透为止。（8）整理，干透的色笺，还要通过检查是否有"纸病"，至此一张色笺便制作完成，下一步进行包装、入库。

12.2.4 防蠹纸

防蠹纸（moth-proof paper）是我国明清时期流行于广东南海（今佛山）一带的手抄加工纸，外观呈橘红色（正面，背面无色），它的作用是为防止线装书被书虫蛀蚀，而在书的扉页和底页各加装一张这种纸，原名"万年红纸"（图12-5），现名防蠹纸。

图12-5 万年红纸
（上：有红纸的可防虫蛀，下：无红纸的受蠹蚀）

这种纸也是通过刷涂法加工制作的。

据研究，这种纸是在毛边纸（或连史纸）上涂以"铅丹"（又称红丹）而成。毒理试验表明：铅丹的半数致死量（使试验对象50%死亡的剂量） $LD_{50\%}=220mg/kg$。这就是防蠹纸具有防蠹作用的根据。由于四氧化三铅是重金属盐类的氧化物，性质稳定，在通常情况下很难被分解，因此防蠹纸能使线装书的书页保存很长的时间。

加工时，先把铅丹放在瓷钵中研细，滤去渣滓。再用5%左右的桃胶酌量调匀，使铅丹胶液保持恰当的黏性，不要过稠，也不要偏稀。执板刷（或排笔）将上述配好的桔红色铅丹胶液涂刷在毛边纸

图12-6 万年红纸的机械加工

上（只涂一面），涂刷层应均匀，可刷两遍。然后，把一张呈文纸（或其他吸水性强的纸）附着在防蠹纸上。如此一张对一张地合叠起来，平放在室内自然阴干即成（如经阳光照晒，纸面会起皱），以上是手工方法。

现代也有采用机械加工方法的（图12-6）。

12.3　浸染法

　　浸染法又称浸泡法，主要是用于制作有色的或特殊的手抄加工纸。其基本原理是：通过将一种颜色附着在另一种物料上，其结果是通体被染成为一色。其操作过程有两种：一种是放在染浴内进行的，叫做浸染法。另一种则多用于纺织业中的，叫做印染（又称印花）法。浸染法所用的染色"色料"有三种：第一种是天然有机染料（即天然植物色素），如红花。茜草、槐花、蓝靛等，这些植物色料的稳定性较差，遇酸碱易变色，日久晒易褪色，影响手抄加工纸的寿命。第二种是化学有机染料，如群青、洋红等，上色染纸后光泽不柔润、且易褪色。第三种是天然无机染料，即如国画用的颜色，对纸质无损坏作用，效果较好。所以，加工纸的色料常选用无机颜（染）料。

　　手抄纸染色方式不外乎有三种：第一种是刷涂，以染笔刷涂纸面，上节（12.2）已有述及，不再复述。此法多用于"小型张"（尺寸较小者）的染色。笔触之处"务令色遍，勿有白点"，再阴干即成。有经验的"纸工"，"一笔染全，不染二次，多次下笔，无有瑕璧"，全靠臂力施用得法。

　　第二种是浸泡（图12-7），

图12-7 浸泡法

就是把纸浸过染液，在色料槽中使纸浸染一段时间，务必使全部透过。再把染色纸提起，在吊绳上晾干。此法只适用于幅面较小的纸。

第三种是拖染，应用于尺寸较大的纸。一边用手慢慢地放开纸卷，另一边轻轻地拖出染色纸，这里很讲究一个"拖"字（图12-8）。如果"浸而不泡，拖而不破"的功夫不到家，是很难圆满完成任务的。待到染液浸透纸面，即可拖出，悬挂晾干（不可曝晒）。古代的加工染色纸多半采用此法进行。

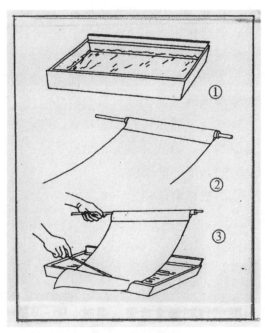

图12-8 拖染法
（①调色盘 ②卷纸准备 ③拖染不浸）

12.3.1 染色纸

染色纸与色笺是有区别的。染色纸是纸的全幅都被颜色染透，而色笺是纸的正面有色，背面是无色的。这两种纸，加工方法不同、性能不一，其用途也不一样。染色纸的加工，偏向于过去在民间染布、染衣很早就采用的所谓泡煮法。其材料、用具、操作极其简单，一袋色料、一个面盆、一个火炉、一双筷子、就够用了。明代高濂的《遵生八笺·卷十五》中有进行染宋笺色法的记载：

"黄柏一斤捶碎，用水四升浸一伏时。煎熬至二升止。听用橡斗子一升，如上法煎水听用。胭脂五钱，深者方妙。用汤四碗，浸榨出红。三味各成浓汁，用大盆盛汁。每用观音帘坚厚纸，先用黄柏汁拖过一次，复以橡斗汁拖一次，再以胭脂汁拖一次，更看深浅加减逐张晾干可用。"

在这段文字中，首先要解释的是染色纸所用的染料，前边早已叙及，主要是黄柏，古称黄檗，早期已列入《神农本草经》一书中。其茎杆、树皮经水浸后可得黄色染液。其化学成分是小柏碱、棕榈碱和黄柏酮等。味苦，可溶于水。既可当染料，又有防蛀作用。故有"染以黄檗，取其辟蠹"之说。橡斗子（图12-9），又名栀子、黄栀子、山栀，系常绿灌木，夏季开白花，香气扑鼻。果实为黄色染料。胭脂又称燕脂，由红花提纯而得"红花饼"，红花系一年生草本植物，叶子互生，披针形，有尖刺。开红色筒状花，花芯内有红色小梗，可作红色染料。其主要成分是红色素，并带有红、黄色。制红花饼的方法是，先用碱水（草木灰）浸红花，把红色素溶解，再加酸水（乌梅汤）把红色素沉淀下来。如此反复多次，除去黄色，就能得到纯的红

图12-9 橡斗子

色素。然后用布袋过滤，沥干水分，捏成红花饼，阴干贮存起来，这样就使胭脂达到"深者方妙"了。

　　具体做法是：把一斤（500g）黄柏用榔头打碎，加水四升（4000mL）浸泡1小时。再放入盆中煮沸，浓缩到只有二升（2000mL）为止，去渣，备用。还有称取橡斗子一升（250g），捣碎后加水浸泡，同上法一样的煮沸，浓缩到1/2，去渣，备用。再有取胭脂粉，称五钱（125g）加热水四碗（1000 mL），充分搅拌，促使全部溶解，备用。然后取来厚纸（用观音帘——即细帘纹的竹帘来抄造），把纸在这三种染色液中分先后次序各拖（浸入染色液中）一遍，看看纸的颜色浓淡是否合适。直到再次拖染后符合要求，才把染色纸悬挂、晾干，即告完成。

12.3.2　油纸

　　油纸（old paper），是用植物油加工而制得的一种透明、防水的纸张。油纸的制作中油料调配是很重要的。从宋代起，对它的加工已有记录。据福建人温革（1085—1147）在《分门琐碎录》一书中写道：

五桐八麻不用煎，二十草麻去壳研。

光粉黄丹各七匙，柳枝搅用莫轻传。

　　从这首诗可以推断出古代油料的配方：取来五勺（一勺约为10ml）桐油、八勺麻油，先不加热，倒入容器内。然后再取20粒草麻子（即脂麻，图12-10），去壳，研成细末再加入。另外

图12-10草麻子

加入光粉（铅粉）、黄丹（铅丹）各7匙（一匙约为15ml，相当于0.5g或0.8g），最后用柳树枝搅拌均匀而成。从用量上看，似乎是实验，而不是生产所用。

在这个经验之谈中包含着一定的科学道理，第一，是油料中所用的是两种油，桐油为从桐树果实中挤榨出来的，是一种干性油，在空气中干燥后会结膜，虽可增加纸的强度，但其透明性不好；而麻油为不干性油，不能在空气中干燥结膜，却可以提高纸的透明度。现在把它们混合起来，就可发挥"互补"的协同效果。草麻子、光粉、黄丹的作用是利用其中的氧化铅与麻油发生化学反应，使不干性油变成干性油。第二，配料加入后，要用力搅拌，务使油料均匀。用配好的油料，涂刷纸面，晾干后即成油纸。

实际上，现在油纸的制法与古法虽有所不同，但大体上还是继承传统。主要是油料的配方有些变化，常用的有干性油和催干剂两种。干性油包括桐油、梓油和亚麻仁油，梓油又叫青油，亚麻仁油是用亚麻籽压榨取得的，也具有干性。但是，干性油（如亚麻仁油）若不加催干剂，成膜时间需要7~8天，如加催干剂则12小时即可成膜，故配方中必须有催干剂。催干剂又称干料，是由能够促进干性油干燥结膜的化合物，包括有氧化铅、二氧化锰、亚油酸锌、环烷酸盐、辛酸钴等金属皂。油料的配方为：桐油/梓油/亚麻仁油/二氧化锰/氧化铅=20/30/20/0.4/1.5。先把梓油倒入热锅中，旺火加热，待泡沫消失，先后加进二氧化锰、氧化铅，继续煮沸。最后，将炉火退去，把桐油、亚麻仁油一勺勺洒落油锅内，至此油料即告完成。

油纸的加工方法，各地大同小异，手续比较麻烦。可分为以下步骤：（1）原纸，一般采用皮纸，多数是桑皮纸。这些原纸每2张合成一叠，平铺在木板上，用喷雾器将清水喷湿纸页，随后再加上一叠，再喷水，使之润湿，直至50~70叠。后用重物（10kg）压住纸叠12小时，使水分均匀。然后取出6~8叠纸，用木槌敲打5~6分钟，约几百下。这样便成为熟纸。（2）上油，上述熟纸经过日光晒干或烘墙焙干之后，方可进行涂油或上油。涂油时，每2张熟纸平摊在木板上，将配好的油料倒向纸面，使全张渗满油液，称为油胚。再取另外2张熟纸伏贴到油胚上，加入油料。又取新的2张熟纸继续伏贴，再加油料。如此继续叠高，直到100张左右，成为一摞。然后，将这一摞上边1/4处的油胚，抽出，重新放到下边的1/4处。如此上下互相交换位置。当积成几十摞后，再用压板对其施加压力，务使油胚均匀一致。当油胚加压完毕，可把每摞油胚放在阳光下晒干；或者放在火炉上烘干。随后将油胚逐层揭开成单页，挂在竹竿上晾干。冷却后即是油纸。

（3）散热，油纸内的干性油经氧化容易生热，故加工后的油纸还必须设法散热。可将油纸卷成卷筒，架搭成"桥形"，通风数小时使"潮气"散尽。再把卷筒抖开，放置成叠。（4）整理，对已经散热后的油纸，逐张检查其色泽、强度、幅面等质量指标，按等级分开。同级油纸以25或50张为一卷，置于纸筒封存。

以往，油纸的用途主要是制作雨伞、糊窗、做防潮包装纸等。现在已很少使用了。

12.3.3　流沙笺

流沙笺（Liusha paper）又称流沙纸，从加工原理上说，也是列入染纸的范围。宋代苏易简在《文房四谱·卷四》中介绍："实有作败面糊和以五色，以纸曳过会沾濡，琉离可爱，谓之流沙牋。亦有煮皂荚子膏并巴豆油，傅于水面，能点墨或丹青于上，以姜揾之则散，以狸须拂头垢引之则聚。然后画之为人物，矾之为云霞及鸷鸟翎羽之状，繁缛可爱，以纸布其上而受采焉。必须虚窗幽室，明盘净水，澄神虑而制之，以臻其妙也。近有江表僧于内廷造而进上，御毫一洒，光彩焕发。"

这段文字首先说明，所谓流沙笺，就是把业已腐坏的面糊（已失去黏性）与五种不同的颜料搅和在一起，且具有一些自然形成各种图案，平浮在盆里的染色液上。用白纸从染色液的液面上拖过，

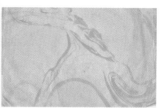

图12-11 流沙笺之制作

则得到一种有花色的流沙笺（图12-11）。

其次，还有另外一种制流沙笺的方法。就是采取皂荚子和巴豆油，倒在盛有清水的盆内。因巴豆油比重轻，故水面上则浮有一层薄薄的油层。然后在这油层上，用毛笔或是写字，或是绘图。如果油层上有的部分墨色（或颜色）过浓，可拿生姜触及，会使浓色散开。反之，若墨色过淡，可用狸猫的须毛拨去，会使浅色合拢。其色料在液面上任意聚散离合，这样就便于画出人物、云彩、鸟禽等美丽的图像。再以白纸覆于其上，受染而完成。于是得到了彩色的流沙笺。

12.3.4　瓷青纸

瓷青纸（bluish green paper）又称磁青纸，为古代生产的一种染色加工纸。它以优质桑皮纸（后来又用竹纸）为原纸，早期使用"靛青"（即靛蓝）染料，采用染布的方法加工并经研光而成。因外观色泽给人有与明代瓷窑烧成的宣德青花瓷器极为相近的印象，故而取名为瓷青纸，又称碧纸。

这种纸的质地较厚，可分层揭开，不显墨迹，故只使用"泥金"（金粉与胶料的调合物）书写。据周嘉胄（明末江苏扬州人，生卒不详）在《装潢志》一书中写道："宋徽宗赵佶（1082—1135，北宋皇帝）、金章宗完颜璟（1196—1208在位，金朝女真族领袖）多用磁蓝（青）纸、泥金字，殊臻庄伟之观，金粟笺次之。”通过对1978年苏州瑞光寺塔出土的《妙法莲华经》刻本的卷首的磁青纸进行显微分析，确认其原纸为桑皮纤维所造。后再对原纸用靛青染料进行浸刷处理，其所染的色调为深青色，完全可以与青花瓷相媲美，从而便得到色泽清新、图形雅致的成品。一般而言，其纸直高30.5~31cm，横长51~52cm。每卷用纸16.5~25张不等。卷前均有泥金绘制的图画。部分经纸有银丝栏，框高22.5~23cm，经文用金泥书写，楷书，每纸写有26~33行，每行16~20字不等。瓷青纸主要供用于宫廷中书写佛经、文牒等（图12-12），后来也用作线装书的书皮。

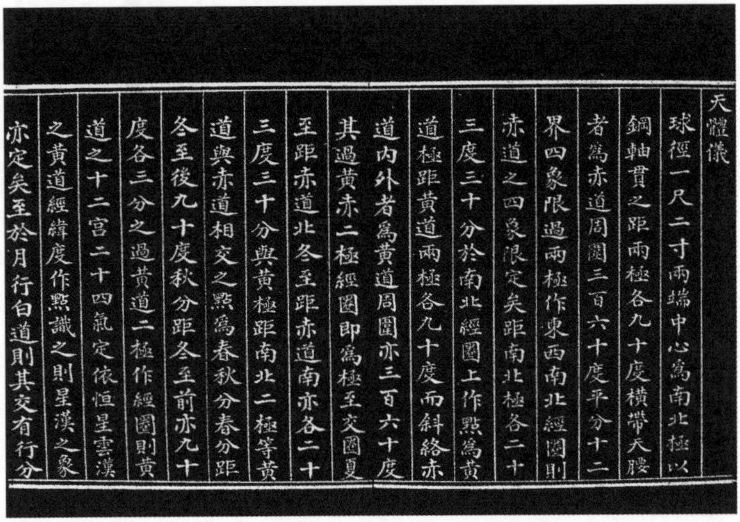
天體儀
球徑一尺二寸兩端中心爲南北極以
鋼軸貫之距兩極各九十度橫帶天腰
者爲赤道周圍三百六十度平分十二
界四象限過兩極作東西南北經圈則
赤道之四象限定矣距南北極各二十
三度三十分於南北經圈上作點爲黃
道極距黃道兩極各九十度而斜絡赤
道內外者爲黃道周圍亦三百六十度
其過黃赤二極經圈即爲極至交圈夏
至距赤道北冬至距赤道南亦各二十
三度三十分與黃極距南北二極等黃
道與赤道相交之點爲春秋分春分距
冬至後九十度秋分距冬至前亦九十
度各三分之過黃道二極作經圈則黃
道之十二宮二十四氣定依恒星雲漢
之黃道經緯度作點識之則星漢之象
亦定矣至於月行白道則其交有行分

图12-12　瓷青纸（底色深蓝）

明代宣德（1426—1435年）时期，瓷青纸的价格是非常昂贵的。据《宛署杂记》（1593年刊本）一书中称：连七纸11600张，价九两二钱八分，每10张价八厘钱。太连纸2000张，价一两八钱，每10张价九厘钱。而瓷青纸10张，价一两（一百分）。由此可知，瓷青纸的价格高出其他纸的一百多倍。

12.3.5 羊脑笺

羊脑笺（Yangnao paper）是在瓷青纸的基础上进一步加工而成的，纸面的颜色如漆墨、厚重、典雅，宛如黑色绸缎一样，是一种相当名贵的彩色加工纸（图12-13）。

据清代人沈初（1736—1799）的《西清笔记·卷二》中云："时（按：乾隆年间）奉诏在懋勤殿写华严经，用泥金写羊脑笺……羊脑笺以宣德瓷青笺为之，以羊脑（调）和顶烟（松烟），窖藏久之，取

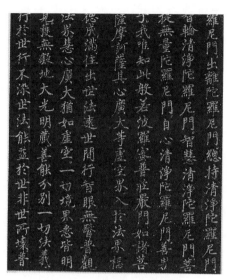

图12-13 羊脑笺（底色墨黑）

以涂纸，研光成笺。黑如漆，明如镜，始自明宣德间，制以写金，历久不坏，虫不能蚀。今（北京）内城惟一家（清宫纸厂）犹得其法，他工匠不能作也。"懋勤殿为清代收藏书画之地，拥有历代书画精品。据邓之诚（1887—1960）著《骨董琐记》一书中介绍，计有《（赵孟頫）鹊华秋色图卷》、《怀素自序卷》、《东坡自书前赤壁赋卷》、《真卿祭侄文稿卷》等，"皆人间瑰宝也"。其中不乏用羊脑笺书写的作品。在羊脑笺上写字，必须用泥金，别的色笔都不成。而羊脑笺的制法和用料，则与众不同。首先羊脑应取自新鲜，与松烟拌匀后备用。其次，经过涂刷纸面，再行研光。最后还要进行一段时间的"阴干"。在加工过程中，稍有不慎就会影响成品质量。

羊脑笺与瓷青纸是两种不同的加工纸，它们之间有三点不同、一点相同：第一，色泽不同，羊脑笺是黑色的，瓷青纸是深蓝色的；第二，强度不同，相对而言，羊脑笺的强度较大，瓷青纸较小；第三，厚薄不同，羊脑笺是一种涂刷后又研光的的薄纸，而瓷

青纸较厚。这两种纸的原纸大多数都是桑皮纸——此为相同之点。但是也有例外，到底是桑皮还是楮皮，抑或为混合皮料？这要根据不同时期（明代或清代）、不同地点所加工的具体情况而定。

12.4 砑花法

所谓"砑花"，实际是暗纹或暗花——在纸上浮现的隐约有形的图案。砑花法，就是用两块相对应的硬质木板（如硬枣木）、刻制的花纹相同但纹路相反的版子。好比是一块板刻成凸出来的阳文；另一块板刻成凹进去的阴文，两相对应，吻合无隙。当把待加工的纸放进这两块木版后，外边加压片刻，便制成一张张砑花纸了（图12-14）。

采用砑花法可以制作砑花纸。砑花纸（Embossed paper）的纸面能印出各种形式的花纹。一般而言，分为明花纹和暗花纹两种。前一种的制法比较简单，可以运用雕版或色线印出花纹。后一种的加工比较复杂，因为是暗花纹，不用墨而使纸面呈凸凹状，所以要用两块刻制图案相

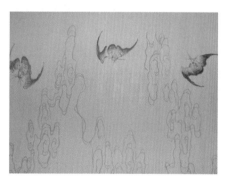

图12-14　砑花法

同、一阴一阳、一凸一凹的木板，相对地合起把纸面压出凸凹的暗花纹来。这种方法也叫做拱花，所制得的统称为砑花纸。

五代人陶谷（903—970）撰写的《清异录》中载："姚顗子侄善造五色笺，光紧精华，砑纸板乃沉香（木），刻山水林木、折枝花果、狮凤虫鱼、寿星八仙、钟鼎文字、幅幅不同，纹缕奇细，号砑花小本。余尝询及诀，顗侄云：妙处与作墨同，用胶有工拙耳。" 姚顗（生卒不详），五代十国时人士，可能善造纸。其侄继

承家传，在北宋时造以五色笺。更用加胶矾、砑花纹之方法，使染色纸色彩光亮、图形靓丽。诚如宋代人苏易简（957—995）在《文房四谱》中说："蜀人造十色笺……逐幅于文版之上砑之，则隐起花木麟鸾，千状万态。"

又据宋·袁说友（1163—1199在世）编撰的《笺纸谱》中曰："凡造纸之物，必杵之使烂，涤之使洁。然后随其广狭长短之制以造，砑则为布纹，为绮绫，为人物花木，为虫鸟鼎彝，虽多变，亦因时之宜。"明代人陈继儒（1558—1639）在《泥古录》中云："宋颜方叔尝制诸色笺，有杏红、露桃红、天水碧，俱砑花为竹、麟羽、山林、人物，精妙如画。亦有金缕五色描成者，士大夫甚珍为之。"

明清年间，各地纸坊、纸号多有加工砑花纸者，销售甚旺。北京故宫博物院藏有乾隆年造彩色砑花蜡笺，砑有《赤壁纸》。1934年鲁迅（1881—1936）和西谛（郑振铎，1898—1958）在上海集资印造仿制明代的《十竹斋笺谱》册页，其中有一部分是以馆版（或砑花纸）印刷的艺术画本，做工精良，秀美清隽。现在，由于多种原因，市面上很少见到这种纸了。

12.5　洒溅法

　　洒溅法，这种方法是在原纸上洒溅一些物料，加工制作成各色的手抄加工纸。此法又分为湿法洒溅和干法洒溅等两种。洒溅法所用的器具，有案桌、木桶、水勺、排刷、金粉纸筒、吊架（晾纸架）、还有染料盆及染料等。都是日常生活中容易买到或找到的。

12.5.1　"虎皮宣"

　　据说，在清朝的时候，有某纸坊的一纸工偶尔不小心将一些"白灰水"（即石灰浆）溅落在已加上黄色的宣纸上，造成过失。谁知待纸干后，在上边形成了一朵朵的白花，"黄白相映，浑然成趣"恰似虎皮，遂便取名"虎皮宣"，于是便有了洒溅法。此系传闻，仅供参考。

图12-15　散花图
(手执蘸满稠米汤的竹丝把向刚染色的宣纸上洒溅，以获取有花斑之操作)

现在，加工虎皮宣的方法，通常是先将生宣纸在染料盆中拖色（染料另行配制），然后垂挂在竹架上，使其晾干，达到纸内水分为50%左右（可借助炕火调整）。其次，把色纸放在散花板上，进行"散花"操作（图12-15），使稀浆分散在纸面形成花斑。再用炕火进行烤干（图12-16）。最后，把色纸进行拖胶，待阴干后放入平案上，打蜡、磨光、切边，即告完成（图12-17）。

图12-16 烘干图

（将洒溅后有斑驳的湿纸，随机提吊在盆火的上方烘干，以防斑纹过度扩散、消失，得到似虎皮斑的纹理）

图12-17 虎皮宣

制作时使用的主要染料是槐树（*Sophora japonica* L.）的槐米，又称槐花。它是豆科植物，落叶乔木，枝绿色，蝶形花冠，黄白色，可作黄色染料，也可作中药，有凉血、止血的功能。槐树的干燥花蕾是在夏季花朵尚未开放时采收的。把这种被称为槐米花蕾（图

12-18），经过晾干，贮存，备用。亦可向中药店购买。

采用这种湿式洒溅法可以采取不同的染料，比如黄色的槐米和桃红相配；绿色以槐米、明矾相配，等等，即可制取各色的虎皮宣了。

图12-18 槐米

12.5.2 洒金笺

洒金笺（Gold-sprinkled paper）是用干法洒溅而制作一另一种手抄加工纸。其操作是：在平台上展开已加工好的有色生宣，再涂刷一层胶液。把事先准备好的金箔或金粉装入一个圆柱形的纸筒内，纸筒的朝上一端封住，另一端的端面扎细眼

图12-19 洒金操作

（或孔眼）若干，有时再放入几粒黄豆。纸筒与纸面的距离约一尺（33cm）。加工时，用小棒阵阵敲击纸筒，让金箔或金粉飘落下来，粘附于纸上（图12-19）。等待洒溅均匀之后，取来一张油纸盖上，再用一只干净、没有沾水的毛刷，全方位地在油纸上刷一至二遍，使金粉在纸面上粘结牢固。然后揭起油纸，就加工完毕了。

根据这种加工所使用的金箔、金屑、金粉的面积大小和在纸上分布的疏密程度，可以制作不同的品种。通常所用的原纸都是宣纸，如把大片金（箔）洒在宣纸上的叫做"片金宣"（雪金宣）；小片金（屑）洒在宣纸上的叫做"销金宣"（雨金宣），故有"大片如雪，小片如雨"之说。在宣纸上洒下大、小混合片者，取名

"雨雪宣"。而随意分洒少量金粉者，则称为"冷金宣"或"泥金宣"（图12-20），等等。同法，如果用银箔或银粉者，则称为洒银笺。这种纸的加工生产量不太多，如果把铝箔充当银箔，那么制作的无疑是赝品了。

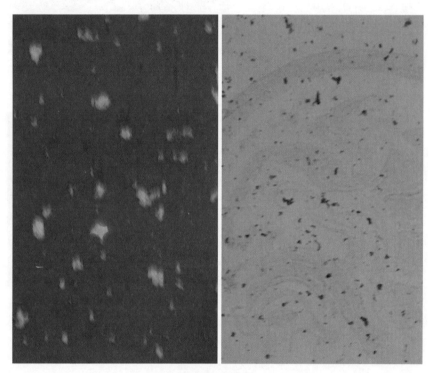

图12-20　洒金笺

12.6 描金（银）法

描金技艺原本在丝绸衣物、木漆家具等方面，使用比较普遍。自唐宋代以后，即从公元6、7世纪直到11世纪，描金工艺逐渐被引用到作书画的绢纸等材料上来。它可能是唐宋时期，造纸工借助绢织工、涂漆工的技法，把金银泥或粉末装饰于纸面而制成的手抄加工纸。并且冠以"描金花笺"、"泥金银画绢"等名称。现在被叫做金花纸（Chinese spill golden pattern paper），或称金花笺、泥金银花笺。方法有：一为拓印，二为笔描，要旨是取其富丽堂皇而已。

描金法的具体操作，在明代高濂（1573—1620）撰的《遵生八笺·燕闲清赏笺中卷》一书中收录有造金银印花笺法，是这样记载的：

"用云母粉同苍术、生姜、灯草煮一日。用布包揉洗，又用绢包揉洗，愈揉愈细，以绝细为佳。收时，以绵纸数层，置灰缸上，倾粉汁在上，湮干。用五色笺，将各色花板平放，次用白芨水调粉，刷上花板，覆纸印花板上，不可重拓，欲其花起故耳，印成花如销银。若用姜黄煎汁，同白芨水调粉，刷板印之，花如销金。二法亦多雅趣。"

试对该法做一个注释，欲制作金花笺、或银花笺时，需要的原材料有云母、苍术、生姜、灯草、白芨、姜黄、草木灰等以及原纸若干。而器具十分简单，一具药碾子、一口锅、一只瓷缸、两把毛刷以及布袋、绢包和几块花板。

云母是一种斜方系片状透明或半透明的矿物，主要成分为硅酸钾铝。表面呈银白色金属光泽，性脆，易碎成末状。这里取其银白色，作为主调。苍术是多年生菊科草本植物，叶无柄，为披针形。

根茎可研磨成粉末，味苦，常入药。生姜是姜的新鲜根茎，含有辛辣的姜酮和挥发油，常用作调味品。灯草是多年生沼泽草本植物——灯芯草（*Juncus effusus*）的茎髓之俗称。茎直立，草生，细柱形，常做灯芯，用来点油灯。后三种晒干、磨细，作为辅料。

白芨（*Bletilla striata*）为一种野生草本植物（图12-21），其地下块茎含有55%黏胶、30%淀粉、9%挥发油等，挖出、晒干、碾细，取其粉末备用。此为面糊的主料。姜黄系多年生植物，其根部含有姜黄素，为橙黄色染料。不溶于水，加热时溶于碱性液体中。取其黄色，乃金黄色所需也。

图12-21　白芨

草木灰是将干草和干柴燃烧后而成的黑灰；或者向农家灶上的铁锅底部刮下的黑灰。该灰的主要成分是氧化钾（K_2O）和碳酸钾（K_2CO_3）等，其水溶液具有碱性。

下面介绍加工过程：第一步是，首先把上述的"四料"即云母、苍术、生姜、灯草笔分别放进"药碾子"研细，然后再把它们混合装入布袋中，放进锅里烧水煮一天。第二步是冷却后，取出布袋在清水中对它进行有力地揉搓，搓成细粒。再将袋中的四料倒入绢包内，继续揉搓，务必使颗粒越细越好。第三步是，另外准备好一只瓷缸，内中盛满草木灰。又取来几张桑皮纸铺盖在缸上，把四料慢慢地倾倒于纸上，让草木灰将水分吸干。第四步是将已经雕刻好图案的花板平放，把早就调好的白芨水与已被吸干的四料细粒混合均匀成粉糊，并用毛刷涂满花板。拿起五色笺（原纸）覆在板上，用背刷轻轻地拓纸。待板上图案拓印于五色笺上，揭纸，即成银花笺。花板用完一次后需要清洗，才能再用，不可连续"重拓"。如果用姜黄熬水，连同白芨一齐调粉成糊，刷板拓纸，便能得到金花纸。这二种做金花纸的加工法都是很不错的。

以上是拓印法，如果以笔描法，则可以先使用"粉底"，再用笔蘸泥金直接在染色纸上绘出各式各样的花纹图案。不过，对绘者的美术技能有一定的要求，才能制作有质量的金花纸。

金花纸的加工技术，从材料性质上说，大体上分为三种：一是在细绢或纸上加粉彩地再加金银绘；二是彩粉地加金银绘；三是彩粉蜡地加金银绘。从花纹图案上说，也有以下三种：一是各种如意云中加龙凤、狮球或八吉祥折枝花；二是散绘生色折枝花；三是各式卷草串枝花加龙凤、狮球、八吉祥、博古图等（图12-22）。

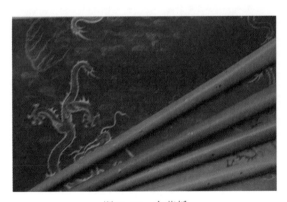

图12-22　金花纸

从艺术角度上观之，明清代金花纸的制作分为四个阶段：（1）明代的金花纸，多为朱红、深青、明黄、沉檀（紫）等色泽，纸不上蜡，花样不够精细，银已泛黑，折枝和龙形与明代锦缎、瓷番纹样相通。（2）明清之际的金花纸，多作浅色粉地，金银粉末耀眼，笔画秀雅，与同时期的描金瓷上的花纹相近。（3）清朝乾隆时的金花纸，多为五色相配，纸质坚实，花纹较呆滞，图案富有巧思。（4）清朝道光之后的金花纸，纸质较薄，色料俱差，金银色浅淡，笔画简率。

金花纸主要用于宫廷、殿堂中书写宜春帖子诗词或填补墙壁廊柱的空白，也作画幅上额或手卷引首之用。

金花纸的制作成本不菲，从清朝同治八年（1869年）苏州织造上奏的一份文件中，可以看出金花纸工料的价格："计细洁独幅双料两面纯蜡笺，每张工料银五两九分。又洒金蜡笺，每张加真金箔洒金工料一两一钱五分二厘，每张工料银六两二钱四分二厘。"而当时的石青装花绸缎，每尺售价是一两七钱，最高级的天鹅绒，每尺收银三两五钱。所以说，一张金花纸的价钱几乎相当于一尺天鹅绒的两倍。金花纸的价格之高，由此可见一斑。

12.7　嵌入法

在抄纸过程中加入某种实物而制得的纸，它不同于研光纸，而是把实物直接压入或嵌入纸面而形成别具一格的装饰纸。早年，在捞纸时过帘后在湿纸上置一片或几片竹叶，然后荡帘使其覆盖，再脱帘于木板上待自然半风干，贴上烘壁完成。此项加工的注意事项，一是对竹叶的选择十分重要，叶片不可太湿也不可干枯，大小合适，韧性较好，并在专门的夹子内压平，待用（如选择花朵也应将花瓣压平）。二是纸帘（竹帘）不要过大，叶片放入要特别用心、小心，放平，放稳。三是荡帘用力不能大，以免叶片移动。四是自然半风干的时间"因物而异"，不可过短或过长。五是焙纸时间不要长，干了尽快揭取下来。

12.7.1　蝴蝶纸

每年的夏季，是采捕蝴蝶的时光。凡异形蝴蝶尤为珍贵，一定要用专门的"护夹"把它夹住，避免出现损坏。待到需要使用时，再小心地取出。因采集蝴蝶不易，务必保证加工纸的成功率。在纸槽过帘后，轻轻提起，放下蝴蝶，再次过帘，动作应又快又轻。不能让蝴蝶飘走，难度较大。

还有一种夹层法，就是先抄一张薄纸，伏在纸帖上。把蝴蝶轻轻地贴住。接着，再抄一张薄纸，附着其上。分纸时把夹住蝴蝶的两层

薄纸，合二为一，进行低温干燥，
最后即得蝴蝶纸（图12-23）。

12.7.2　花草纸

如果嵌入的实物是花草的就
叫做花草纸。采集花草的时间，
一定是要清晨，经过一夜露水的
滋润，花草的韧性较好。将其压制
时不易损破，有利于加工后的纸面
比较清秀美观。因此，花草纸的制
作基本上是"当天采集当天生产"
（图12-24），仅是一种装饰性的手

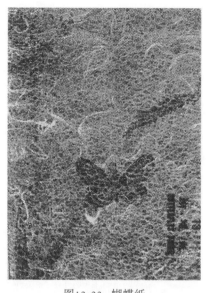

图12-23　蝴蝶纸

抄加工纸（图12-25）。其实，嵌入的花样很多，诸如此类的手抄加
工纸，各地纸农都有发挥智慧的空间。"八仙过海"，各显本领的
事，指日可待。

图12-24 花草纸制作

图12-25 花草纸成品

12.8　粘连法

　　粘连法，是古代手工纸把小幅纸连成较大尺寸的纸的一种技艺，这也是一种独特的技巧。据明代文震亨（1585—1645）在《长物志》中说，宋代"有匹纸，长三丈至五丈，陶谷家藏数幅，长如匹练，名鄱阳白"。按宋朝一尺合今尺0.309~0.329m（平均0.319m）来计算，此纸应有9.57~15.95m，这在当时的技艺水平，似是不可想象的。很有可能是采取粘连法才能得到的。

　　按照古代的一般人的想法，若需要大幅（面的）纸，不必一定用"一次抄"来完成。因为第一，日常生活中使用大幅纸的机会远比使用普通尺寸的纸，少得多。第二，抄造大纸所用的成本太高（要采用专门设计的巨幅纸帘、纸槽，生产难度大，成品率很低），不划算。第三，完全有可能"积小为大"，把小幅纸一张一张地粘连起来就变成了大幅纸。而且需要多大粘连多大，关键是采取什么样的粘连法。

　　从表面上看，纸与纸粘连，只需用点糨糊粘一下，实在是太简单了。但是，这种简单的技艺，其实包含了十分复杂的内容，也提出了非常严格的要求。首先，粘连的纸不仅要求它长期牢固、不易脱开，而且接缝处应平整如一、不许有任何皱折。其次，纸的接缝不能太宽、也不能太窄，要恰到好处。最后，要求让一般人不易发现何处有接缝，"浑然一体"。为此，有以下两个重要的问题必须解决好，才能完成这项任务。

　　第一个问题是制备糨糊。初看起来，民间"打糨糊"是极其容易之事，谁都会用点面粉再兑水调之，即成。可是，粘连纸的糨糊却不然。据元代陶宗仪（1320—1399）在《南村辍耕录》卷廿九中载："古法用楮树汁、飞面、白芨末三物调和如糊，以之粘接纸缝，永不脱解，过如胶漆之坚。"这句话中的楮树汁即取割开楮树皮时流出的胶汁。飞面即经过罗筛后的小麦细白面粉，因过筛时粉尘飞扬而得名。白芨为一种野生草本植物，在本章12.6中已有介绍（参见本书258页），取其粉末备用。

明代文震亨（1585—1645）在《长物志》卷五中介绍制糊方法："用瓦盆盛水，以面一斤渗水上，任其浮沉，夏五日，冬十日，以臭为度。后用清水蘸白芨半两、白矾三分，去滓。和元浸面打（匀），就锅内打团。另换水煮熟，去水，倾置一器候冷，日换水浸。临用以汤调开，忌用浓糊及敝帚。"这段话的意思是，取小麦面粉一斤，倒入盛有相当量的清水的瓦盆中，搅和面粉让水渗入，盆内应无干粉也不加水。夏季放五天，冬季放十天，直到盆内发臭为止。取另外一盆，加些清水，放入半两（25g）白芨（末）、三分（15g）白矾（明矾细末），充分搅拌，使之溶解，除去粗渣，则制成"二白"（白芨、白矾）水。将臭面取出，以二白水调和之，充分揉匀，拍打成团。再换一口铁锅，加清水并把面团放入水中，烧火，使水开沸、将面团煮熟。用上述洗净的瓦盆，加进清水，把熟面团捞出后放入，候冷。此后，每天换水浸泡、淘洗，以除去面筋。糨糊可浸泡在水中保存，要经常换水（保存数月）。如果需要用的时候，用刀切割取出一小块，以热开水冲之，调成稀糊即可。注意，不要使用浓糊，也不要使用旧刷子（刷毛易脱落，毛屑会影响接缝效果）进行操作。

第二个问题是粘连技法。在粘连之前，先用绸布擦抹一遍，再用新刷子把此纸和彼纸的两边（要粘连的部分，厚纸要斜切），轻轻地刷匀干净。然后，另用糊刷把纸的两边涂上糨糊，注意取其数量适中、均匀。将两边纸贴合后，用重物（镇尺或镇纸）压定，约2~4小时。再将纸幅平移后晾干，直至干透为止，需时约2~4天（视季节而定）。据有关人士提醒，粘连的手法十分重要，多靠师傅口

图12-26　粘接纸张

传手授，并且需要长期实践，才能达到一定的水平（图12-26）。

古代的纸的粘连法，与后来的"粘贴"是两个不同的概念。所谓粘贴，就是把几层薄纸粘合而成厚纸的加工工艺。它要求大面积的贴合，其后引伸到书画装裱技艺上，叫做裱褙。中国书画装裱日后发展成为独立的另一个行业，这是后话了。

参考书目

[1] 明·高濂，《遵生八笺》，甘肃文化出版社翻印（2004）

[2] 陈大川，《中国造纸术盛衰史》，中外出版社（1979）

[3] 杨润平，《中华造纸2000年》，人民教育出版社（1997）

[4] 刘仁庆、黄秀珠，《纸张指南（第二版）》，中国轻工业出版社（2004）

[5] 张秉伦、樊嘉禄等，《造纸与印刷》，大象出版社（2005）

[6] 刘运峰，《文房清玩——笺纸》，天津人民美术出版社（2006）

跋

在拙著付梓前，笔者再补充写三句话。

第一句，当本书初排取得清样之后，曾请友人校读。于是被问道：你写的这些"东西"从何而来？是的，要回答这个问题，真是让我百感交集，一言以蔽之，就是研究下去，必有所获。想当年，我在大学学习时，对中国的手工纸一窍不通。后来，经过培养兴趣、下定决心要弄个清楚明白，才一点一点地增长知识，逐步积累了大量的资料。在学习和研究中国手工纸的过程中，肯定会遇到许多困难和挫折，但都要坦然待之，无怨无悔。因此，面对高山，只要勇敢努力，坚韧不拔，再接再厉，就能攀登上去。

第二句，学术研究要选好目标、找到适合自己的有效方法。我没有音乐的天分和才能，如果硬要让我去弹钢琴、唱高腔，能行吗？因此，要尊重科学、实事求是地向前走，用句老话叫做"根据自己的体重找砝码"才成。中国手工纸的品种很多，原料、制法、特性、应用、价值，分门别类，众说不一。绝不可妄想急功近利、一朝一夕就能够取得显著的成绩的。而要不分寒暑、不许懈怠、不计成败，想、做、再想、再做……不休止地干，最好是通过"去调研、找文献、做实验"等"三结合"的方法，努力地去做好"功课"。

第三句，个人的能力是有限的，必须与群体（团队）的劳动相结合，促使社会资源为大家共享服务。本书中的部分内容，分别转引自某些专家的著作（见参考书目）、互联网（如百度、新浪、360搜索）上的资料，因篇幅有限，恕不逐一列名，谨此致谢！再需申明一点，囿于"行规"等原因，有的内容不好"说透"，只能"点到为止"，甚是遗憾，敬希谅解。总之，咱们的目标是一致的、共同的，即：为了宣传和继承中国手工纸的技艺魅力，为了弘扬中华造纸术的杰出贡献，也为了提高我们对中国古代科技的成就感和自信心而努力拼搏，对不对？

至此，还需提及就是本书中的每一章之后都列有参考书目（不写"参考文献"），其用意是便于读者对这一部分内容进行深入一步的了解。故而未注明起始页码，特此说明。最后，我想用6个字来自我鼓励，同时也赠与对中国手工纸感兴趣的中青年朋友，那就是：坚持、奋斗、加油！

刘仁庆
甲午（2014年）春日
于北京·花园村

I 版图索引

II 综合索引

（以词目为单位，按汉语拼音为序排列，

词目后的阿拉伯数字系本书页码）